BASES DA BIOQUÍMICA MOLECULAR

estruturas e processos metabólicos

Aline Sampaio Cremonesi

CB040064

inter saberes

Conselho editorial
‘ Dr. Alexandre Coutinho Pagliarini
‘ Drª. Elena Godoy
‘ Dr. Neri dos Santos
‘ Dr. Ulf Gregor Baranow

Editora-chefe
‘ Lindsay Azambuja

Gerente editorial
‘ Ariadne Nunes Wenger

Assistente editorial
‘ Daniela Viroli Pereira Pinto

Preparação de originais
‘ Rodapé Revisões

Edição de texto
‘ Larissa Carolina de Andrade
‘ Arte e Texto Edição e Revisão de Textos
‘ Caroline Rabelo Gomes

Capa
‘ Iná Trigo (*design*)
‘ Morphart Creation/ Shutterstock (imagem)

Projeto gráfico
‘ Iná Trigo

Diagramação
‘ Rafael Ramos Zanellato

Equipe de *design*
‘ Iná Trigo
‘ Sílvio Gabriel Spannenberg

Iconografia
‘ Regina Claudia Cruz Prestes

inter saberes

Rua Clara Vendramin, 58 | Mossunguê
CEP 81200-170 | Curitiba | PR | Brasil
Fone: (41) 2106-4170
www.intersaberes.com.br
editora@intersaberes.com

1ª edição, 2020.

Foi feito o depósito legal.

Informamos que é de inteira responsabilidade da autora a emissão de conceitos.

Dados Internacionais de Catalogação na Publicação (CIP)
(Câmara Brasileira do Livro, SP, Brasil)

Cremonesi, Aline Sampaio
Bases da bioquímica molecular: estruturas e processos metabólicos/Aline Sampaio Cremonesi. Curitiba: Intersaberes, 2020. (Série Biologia em Foco)

Bibliografia.
ISBN 978-65-5517-612-4

1. Biologia 2. Biologia molecular 3. Bioquímica 4. Metabolismo I. Título II. Série.

20-35968   CDD-574.192

Índices para catálogo sistemático:
1. Bioquímica: Biologia molecular   574.192
Maria Alice Ferreira – Bibliotecária – CRB-8/7964

SUMÁRIO

Assim, apresento aqui conceitos-base de Bioquímica estrutural e metabólica, resgatando alguns conceitos e termos da química e da biologia, a fim de apresentar algumas aplicações em saúde, agricultura, biotecnologia e biologia molecular, setores completamente associados à área central deste livro. Esses conceitos servem para inserir o leitor no mundo de moléculas e reações químicas interligadas, que possuem propósitos e consequências, obedecendo às necessidades e condições do organismo onde elas ocorrem. Com base nisso, você, leitor, pode refletir sobre essas reações e também sobre como nossas ações – como alimentação, atividade física e sono – podem perturbá-las

O livro está dividido em seis capítulos, no decorrer dos quais abordaremos a estrutura, a nomenclatura e a classificação das biomoléculas que constituem os organismos vivos, além do metabolismo de cada uma delas em períodos de disponibilidade e de restrição alimentar.

No Capítulo 1, trataremos das macromoléculas presentes nos seres vivos e que são utilizadas como fontes de energia. Conhecer a estrutura e a classificação de cada uma delas é essencial para compreendermos posteriormente, as reações das quais elas participam em nosso organismo. No Capítulo 2, analisaremos o metabolismo dos carboidratos, moléculas que aparecem em abundância no ambiente e que são preferência para a produção de energia na grande maioria das células. Nesse segundo capítulo, abordaremos, ainda, as variações do metabolismo em diferentes níveis de atividade e a regulação hormonal que rege essas variações. No Capítulo 3, retratamos o metabolismo dos lipídeos e sua importância na produção de grandes quantidades de energia para as células, inclusive durante atividades de longo período.

No Capítulo 4, apresentaremos o metabolismo dos aminoácidos, responsável pela manutenção da glicemia e atuação como fonte de energia. Além disso, vamos introduzir aspectos de moléculas importantes, como porfirinas, decorrentes do metabolismo de aminoácidos. No Capítulo 5, trataremos do metabolismo dos ácidos nucleicos, os quais, diferentemente das demais moléculas apresentadas, não são usados como fonte de energia, sendo essenciais, no entanto, para o fluxo de informação que regula todas as atividades celulares. Nesse mesmo capítulo, exemplificaremos os mecanismos desse fluxo da informação. Por fim, no Capítulo 6, abordaremos a regulação do fluxo da informação genética nos seres vivos e a maneira como a ciência tem explorado esse mecanismo a fim de compreender o funcionamento celular para obter grandes avanços na área da biotecnologia.

Como complementação do estudo, vale dizer, ao longo dos capítulos apresentaremos exemplos de diversas doenças relacionadas à falha do metabolismo e o modo como nossos comportamentos podem influenciar nas reações. No final de cada capítulo, trazemos atividades de autoavaliação, de aprendizagem e também práticas. As atividades de autoavaliação consistem em questões de múltipla escolha ou de verdadeiro/falso para fixar conceitos-chave e as ideias principais do capítulo. Já as atividades de aprendizagem são questões abertas que abordam problemas aplicados de reflexão que precisam de uma resolução mais elaborada. Por fim, a atividade prática consiste na elaboração de uma atividade mais visual, como construção de gráficos, tabelas e organogramas para organização das ideias do capítulo.

As respostas são encontradas ao final do livro, a fim de guiá-lo na busca pela completa compreensão da Bioquímica.

Com base nessa elaboração, esperamos que este livro contribua para uma compreensão mais leve e efetiva dessa área, com o intuito de que ela possa encantar e despertar você para novas áreas de sua vida acadêmica e/ou profissional.

COMO APROVEITAR AO MÁXIMO ESTE LIVRO

Empregamos nesta obra recursos que visam enriquecer seu aprendizado, facilitar a compreensão dos conteúdos e tornar a leitura mais dinâmica. Conheça a seguir cada uma dessas ferramentas e saiba como elas estão distribuídas no decorrer deste livro para bem aproveitá-las.

Introdução do capítulo

Logo na abertura do capítulo, informamos os temas de estudo e os objetivos de aprendizagem que serão nele abrangidos, fazendo considerações preliminares sobre as temáticas em foco.

Como vimos no Capítulo 5, o material genético apresenta uma organização que garante o armazenamento e a transferência eficiente da informação. Dada a importância do material genético, ele precisa ser devidamente armazenado e compactado dentro da célula de forma que fique livre da ação de enzimas, radicais livres e demais danos (Carvalho; Recco-Pimentel, 2013). Um sistema de compactação eficiente permite que o DNA seja armazenado no núcleo da células eucarióticas, ocupando o mínimo de espaço possível e evitando também que podem quebrar as duplas-fitas del DNA e causar perda da informação (Carvalho; Recco-Pimentel, 2013; Voet; Voet; Pratt, 2008).

De forma curiosa, a compactação e a organização do material genético é universal. Salvo algumas peculiaridades, qualquer maquinaria celular é capaz de ler qualquer material genético e produzir suas proteínas. Se, por um lado, isso pode ser ruim – ao pensar que os vírus conseguem invadir nossas células e inserir seu material genético, que se camufla com o nosso –, por outro lado, é possível realizar trocas de trechos de material genético de uma célula para outra e até de um organismo para o outro (Alberts et al., 2017; Nelson; Cox, 2014). A universalidade do material genético permite que os cientistas introduzam o gene de uma proteína de interesse de eucarioto em uma bactéria para que ela produza em grande escala e possa ser usada como tratamento de doenças ou terapia gênica. Isso somente é possível dada a padronização na compactação e na conservação da informação gênica (Alberts et al., 2017; Lodish et al., 2014). Essa transferência de material genético requer um conjunto de técnicas, desenvolvidas pelas áreas de biologia molecular e

❛ Importante!

Algumas das informações centrais para a compreensão da obra aparecem nesta seção. Aproveite para refletir sobre os conteúdos apresentados.

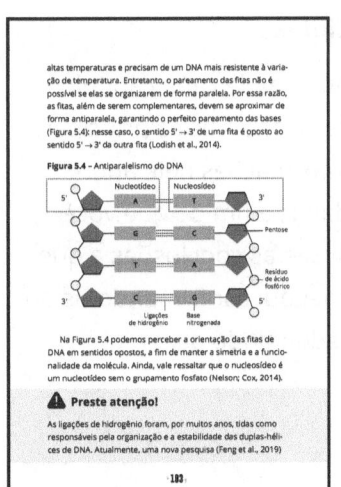
❛ Preste atenção!

Apresentamos informações complementares a respeito do assunto que está sendo tratado.

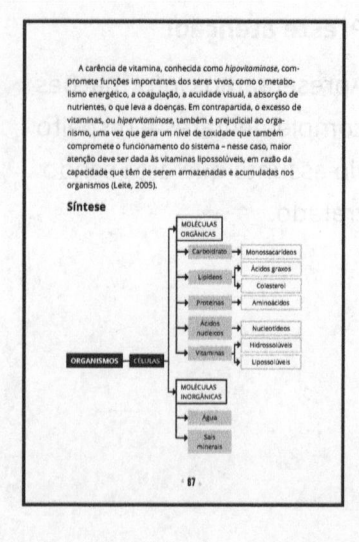

❛ Curiosidade

Nestes boxes, apresentamos informações complementares e interessantes relacionadas aos assuntos expostos no capítulo.

❛ Síntese

Ao final de cada capítulo, relacionamos as principais informações nele abordadas a fim de que você avalie as conclusões a que chegou, confirmando-as ou redefinindo-as.

Atividades de aprendizagem

Atividades de aprendizagem

Questões para reflexões

1. Laura e Beatriz, após terem ingerido lactose, fizeram exames de glicemia, cujos resultados, mostrados no gráfico seguinte, foram bem diferentes para cada uma delas. Para uma das meninas, foi apontado uma possível intolerância à lactose. Qual das duas garotas teria a intolerância? Explique.

Concentração de glicose plasmática após a ingestão de lactose

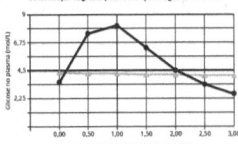

● Laura
▲ Beatriz

2. Foi montado um experimento para avaliar o efeito da temperatura sobre a catalase, uma enzima encontrada nas células hepáticas **humanas**, que catalisa a degradação das moléculas de H_2O_2 em água e gás oxigênio na temperatura corporal na qual a atividade da enzima é máxima e a produção de gás oxigênio também. Quatro tubos de ensaio rotulados, cada um dos quais contém quantidades similares de catalise e

74

Aqui apresentamos questões que aproximam conhecimentos teóricos e práticos a fim de que você analise criticamente determinado assunto.

Atividades de autoavaliação

Atividades de autoavaliação

1. Para responder à questão, analise a seguinte figura:

Molécula de sacarose

Sobre essa molécula, é correto afirmar que é formada por:

A duas moléculas de frutose.
B uma molécula de α-glicose e outra de β-glicose.
C duas moléculas de glicose.
D uma molécula de glicose e outra de frutose.
E uma molécula de frutose e outra de sacarose.

2. Os polissacarídeos são formados de monossacarídeos que podem se ligar de maneiras diferentes entre si, gerando diferentes conformações e estruturas de carboidratos. As ligações glicosídicas do tipo α são bem diferentes das ligações do tipo β, o que se reflete na capacidade de digestão dos polissacarídeos que as contêm.

Assinale, a seguir, a alternativa em que consta um polissacarídeo com ligação do tipo β e outro do tipo α, respectivamente.

A Celulose e glicose.
B Glicose e amido.
C Glicogênio e galactose.
D Amido e celulose.
E Celulose e glicogênio.

88

Apresentamos estas questões objetivas para que você verifique o grau de assimilação dos conceitos examinados, motivando-se a progredir em seus estudos.

⁶ BIBLIOGRAFIA COMENTADA

HARVEY, R. A.; FERRIER, D. R. **Bioquímica ilustrada.** 5. ed. Porto Alegre: Artmed, 2012.

Este é um livro bastante ilustrado que contém esquemas de todas as vias e processos metabólicos que permitem a compreensão molecular desses processos. Apresenta linguagem mais robusta e traz aplicações e correlações clínicas, além de um conjunto de exercícios para fixação do conteúdo e retomada de conceitos.

LODISH, H. et al. **Biologia celular e molecular.** Tradução de Adriana de Freitas Schuck Bizarro et al. 7. ed. Porto Alegre: Artmed, 2014.

Esse é um livro completo e aprofundado para aqueles que se interessam mais por tecnologia do DNA recombinante e regulação da expressão gênica. Por ser uma obra de biologia celular e molecular, os conceitos básicos, que servem de auxílio ao leitor ingressante na área biológica, são muito bem explicados e ilustrados, facilitando, assim, a compreensão. Assuntos de bioquímica também são abordados de maneira clara, embora não haja aprofundamento sobre eles.

MARZZOCO, A.; TORRES, B. B. **Bioquímica básica.** 3. ed. Rio de Janeiro: Guanabara Koogan, 2011.

Trata-se de livro de linguagem fácil e acessível a todos os níveis de entendimento de bioquímica, recomendado para quem está começando na área. Traz os principais tópicos de

⁶ Bibliografia comentada

Nesta seção, comentamos algumas obras de referência para o estudo dos temas examinados ao longo do livro.

CAPÍTULO 1

INTRODUÇÃO À BIOQUÍMICA: AS BIOMOLÉCULAS

Os seres vivos são organismos complexos que obedecem a uma organização em níveis. Cada um desses organismos é formado por um conjunto de sistemas, como o sistema respiratório, o sistema digestório etc. Estes, por sua vez, são formados por um conjunto de órgãos, que são constituídos por um conjunto de tecidos de diferentes células especializadas. O número de células, que são a menor unidade funcional do organismo, dentro deste é variável. Organismos com duas ou mais células são pluricelulares, como os animais e os vegetais; porém há organismos formados por uma única célula, sendo chamados, portanto, de *unicelulares*, como as bactérias, os protozoários e alguns fungos. Independentemente do número de células, a estrutura celular é constituída de biomóleculas: carboidratos, lipídeos, proteínas e ácidos nucleicos (Alberts et al., 2017; Nelson; Cox, 2014). As diferenças entre as células podem ser observadas na proporção dessas biomoléculas, que determinam as características e a funcionalidade das células. Todas as biomoléculas são polímeros, ou seja, compostos por moléculas únicas menores chamadas de *monômeros*, que se ligam e formam a estrutura que determina sua função. Tais biomoléculas podem ser sintetizadas pelo organismo, mas, para sua utilização como estrutura e fonte de energia, é necessária a ingestão desses componentes pela alimentação, a fim de que as células realizem suas atividades (Nelson; Cox, 2014; Palermo, 2014). Neste capítulo, portanto, vamos apresentar as principais biomoléculas dos organismos, sua composição e suas estruturas, além das possíveis interações entre elas, as quais mantêm a integridade e a funcionalidade das células.

1.1 Composição e estrutura de sistemas biológicos

Os seres vivos são classificados em *unicelulares* e *pluricelulares*, de acordo com o seu número de células. Os organismos pluricelulares apresentam uma organização em níveis, isto é, as células são agrupadas de acordo com as próprias características e funções, e formam, com isso, os tecidos, os quais, por sua vez, apresentam diferentes finalidades, como preenchimento e revestimento, produção de substância ou emissor de sinais elétricos. Os conjuntos de tecidos constituem os diferentes órgãos que, por sua vez, formam os sistemas que compõem um organismo. Essa organização permite compreender de que modo as reações que acontecem no nível celular refletem no organismo como um todo (Guyton; Hall, 2011; Lodish et al., 2014).

As moléculas formadoras dos organismos são divididas em *orgânicas* e *inorgânicas;* as orgânicas, abundantes nos seres vivos, são formadas por uma grande quantidade de átomos de carbono, como carboidratos, lipídeos, proteínas, vitaminas e ácidos nucleicos. As moléculas inorgânicas, por sua vez, podem ser encontradas no ambiente e são pobres em carbonos, como a água e os sais minerais (Alberts et al., 2017; Lodish et al., 2014). Cerca de 75% do volume celular é formado por água, molécula inorgânica responsável por uma série de reações químicas no organismo e também pelo controle da temperatura corporal. A molécula orgânica mais abundante nas células são as proteínas, constituídas por aminoácidos e responsáveis por diversas funções, como o transporte de substâncias, a defesa do organismo, a sinalização celular e a catálise enzimática (Lodish et al., 2014; Nelson; Cox, 2014).

Carboidratos e lipídeos possuem uma função energética e estrutural: o primeiro é responsável pela produção de energia; o segundo, ao compor a bicamada lipídica das biomembranas celulares e ao ser encontrado na forma de triacilglicerol, funciona como isolante térmico. Os carboidratos, vale dizer, são armazenados no fígado e nos músculos na forma de glicogênio, com a finalidade de produzir um estoque energético (Nelson; Cox, 2014; Voet; Voet; Pratt, 2008).

Sobre as vitaminas e os sais minerais, cabe lembrar que são componentes regulatórios essenciais para o funcionamento e a regulação do organismo. Muitas vezes funcionam como coenzimas, auxiliando no funcionamento de diversas reações catalisadas por enzimas. Os sais minerais também podem estar presentes na estrutura do organismo, como em ossos e músculos, e auxiliar no transporte de oxigênio no sangue (Lodish et al., 2014; Nelson; Cox, 2014).

1.2 Carboidratos

Os carboidratos (ou *sacarídeos*), também conhecidos como *açúcares* (do grego *sakcharon*), são as biomoléculas mais abundantes do planeta Terra e servem como fonte de energia e reserva energética de animais, fungos e vegetais. Elas formam um grande grupo de biomoléculas compostas por carbono (C), hidrogênio (H) e oxigênio (O), cuja representação química é dada por $(CH_2O)_n$, em que n representa o número de moléculas e deve ser igual ou superior a 3. Alguns carboidratos podem ainda apresentar nitrogênio (N), fósforo (P) e enxofre (S) na composição (Marzzoco; Torres, 2011; Nelson; Cox, 2014).

Além disso, os carboidratos são divididos em grupos de acordo com o tamanho: i) os **monossacarídeos**, a menor molécula de carboidrato; ii) o **dissacarídeo**, a junção de dois monossacarídeos; e iii) o **polissacarídeo**, um longo polímero de monossacarídeos iguais ou diferentes. A maioria dos carboidratos apresenta a terminação -*ose* no nome da molécula, o que é característico dessas biomoléculas, uma vez que carboidratos pequenos também são conhecidos por termos com a mesma terminação (Marzzoco; Torres, 2011; Nelson; Cox, 2014; Voet; Voet; Pratt, 2008). Vamos descrever cada um desses grupos nas próximas subseções.

1.2.1 Monossacarídeos

Os monossacarídeos são moléculas simples de carboidratos que podem ser oxidadas pelas células e utilizadas para a liberação de energia. Por outro lado, também ajudam na formação de moléculas maiores que compõem as células e as reservas energéticas destas. Independentemente das atividades que realizam, os monossacarídeos apresentam em sua constituição uma função orgânica **cetona** ou **aldeído**.

Monossacarídeos com função orgânica cetona são chamados de *poliidroxicetona* ou *cetose*; aqueles com função aldeído levam o nome de *poliidroxialdeído* ou *aldose* (Figura 1.1). O esqueleto carbônico é constituído por uma cadeia não ramificada em que os átomos de carbono estão unidos por ligações covalentes simples. Os monossacarídeos podem apresentar tamanhos diferentes, de acordo com o número de carbonos que os constituem, sendo que os menores são formados por três carbonos, razão pela qual recebem o nome de *trioses*. Monossacarídeos com quatro carbonos denominam-se *tetrose*; com cinco carbonos, *pentoses*; com seis, *hexoses*; com sete, *heptoses* – é preciso lembrar que, para cada um desses tipos de monossacarídeo, há sempre uma versão aldose e uma versão cetose, resultando em, aproximadamente, 70 monossacarídeos distintos, dentre os quais 20 são naturais e os restantes artificiais (Marzzoco; Torres, 2011; Nelson; Cox, 2014; Palermo, 2014; Voet; Voet; Pratt, 2008). A glicose, a frutose e a galactose são os monossacarídeos naturais mais conhecidos e abundantes nos alimentos do dia a dia. O primeiro deles está presente no sangue e é utilizado como a principal fonte de energia do organismo; o segundo é o açúcar natural mais doce encontrado em frutas e mel; e o terceiro está presente no leite na forma do dissacarídeo lactose, sendo utilizado pelo sistema nervoso para a síntese (que consiste no método, processo ou operação de reunir elementos, concretos ou abstratos, e fundi-los num todo coerente) de galactolipídeos e cerebrosídeos (Palermo, 2014). Não podemos esquecer que existem muitos outros monossacarídeos, menos conhecidos mas igualmente importantes, como a ribose, que é utilizada na formação de ácidos nucleicos como o DNA e o RNA (Nelson; Cox, 2014).

Figura 1.1 – Representação linear de monossacarídeos do tipo aldose e cetose

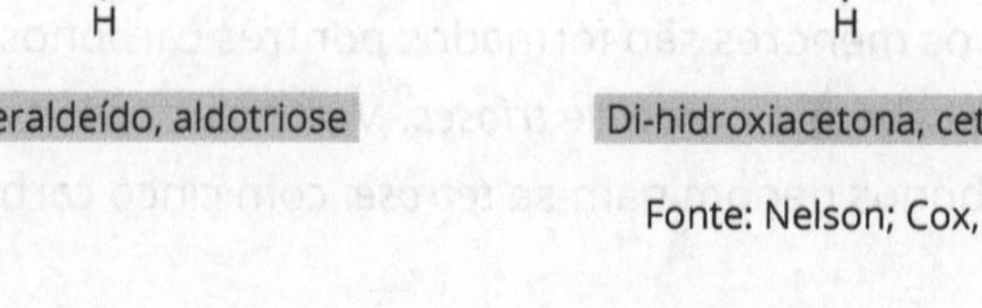

D-Gliceraldeído, aldotriose   Di-hidroxiacetona, cetotriose

Fonte: Nelson; Cox, 2014, p. 244.

O monossacarídeo do tipo aldose conserva a função aldeído; a cetose, por outro lado, a função cetona. Perceba, na Figura1.1, que ambas as moléculas são formadas por ligações simples, com exceção das ligações duplas presentes na função orgânica. Embora a representação linear dos monossacarídeos seja bastante utilizada por ser mais didática, eles são encontrados na natureza na forma cíclica, formando anéis que lhes conferem maior estabilidade. Aldoses e cetoses se fecham em anéis diferentes – o pirano e o furano (Figura 1.2) – respectivamente, porém a dinâmica da ciclização é similar nos dois tipos de moléculas. Esses anéis, quando presentes em moléculas de carboidratos, recebem a terminação -ose, chamando-se, então, *piranose* e *furanose* (Nelson; Cox, 2014; Palermo, 2014; Voet; Voet; Pratt, 2008).

Figura 1.2 – Anel pirano e anel furano

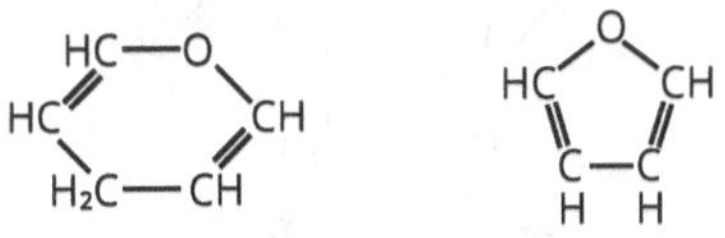

No processo de ciclização, a dupla ligação da função orgânica (aldose ou cetose) sofre um ataque nucleofílico da hidroxila (OH) do penúltimo carbono, quando é rompida, razão pela qual o carbono da função química fica disponível para uma nova ligação, que é feita com o oxigênio da hidroxila, de forma que a molécula se fecha (Figura 1.3). A ciclização dos monossacarídeos pode resultar em duas formas diferentes de um mesmo monossacarídeo. Considerando a molécula de glicose, o carbono 1 pode se fechar com a hidroxila voltada para baixo, formando uma glicose do tipo α ou α-glicose, ou com a hidroxila voltada para cima, formando uma glicose do tipo β, ou β-glicose (Marzzoco; Torres, 2011; Nelson; Cox, 2014).

Figura 1.3 – Ciclização da molécula de glicose

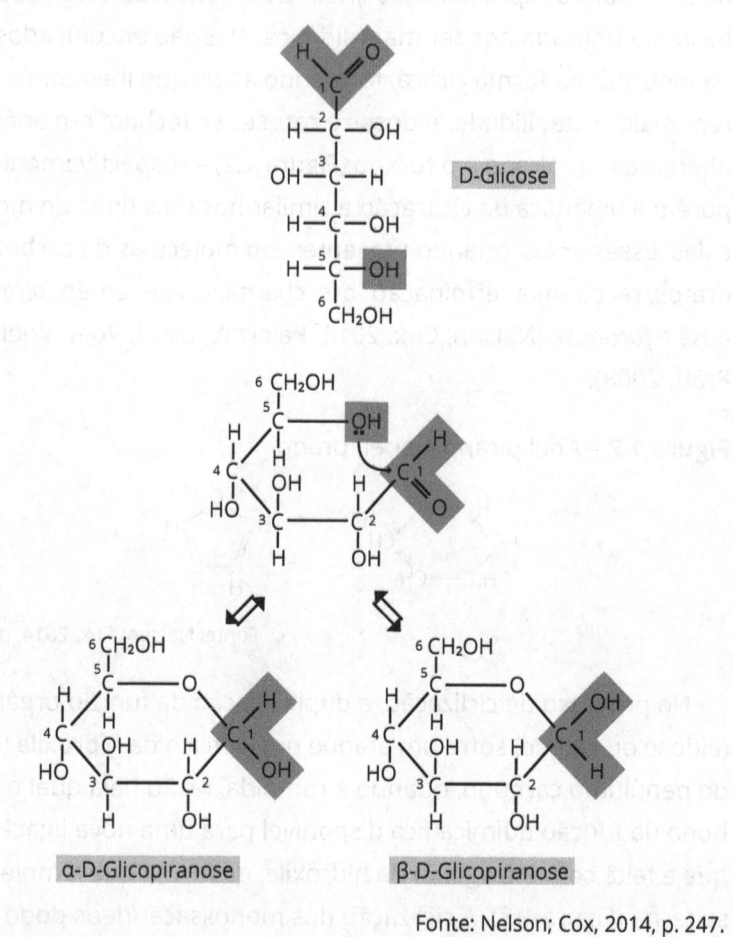

Fonte: Nelson; Cox, 2014, p. 247.

As diferentes formas de glicose são encontradas em dissacarídeos e polissacarídeos distintos, porém ambas estão presentes na natureza. O mesmo ocorre para outros monossacarídeos que podem se juntar e formar moléculas maiores, como os dissacarídeos e os polissacarídeos (Palermo, 2014). Existem também os oligossacarídeos, que são moléculas formadas por poucas unidades de monossacarídeos, as quais podem ou não ser ramificadas (Marzzoco; Torres, 2011).

1.2.2 Dissacarídeos

A junção covalente de dois monossacarídeos forma uma molécula de dissacarídeo mediante ligação chamada de *osídica* ou *glicosídica*. Nessa ligação, o grupo hidroxil de um açúcar reage com o carbono anomérico, perdendo uma molécula de água (Figura 1.4) tanto para as do tipo α quanto as do tipo β. Moléculas de α-glicose ou β-glicose se unem por ligações glicosídicas pela reação entre a hidroxila do carbono 1 do primeiro açúcar com o hidrogênio da hidroxila do carbono 4 do segundo açúcar, recebendo, por isso, o nome de ligação glicosídica 1-4. Glicoses do tipo α, ao se ligarem entre si, formam uma ligação glicosídica linear (Figura 1.4); por sua vez, a ligação entre glicoses do tipo β formam uma ligação cruzada. As ligações glicosídicas são digeridas em ambientes ácidos a altas temperaturas, mas resistentes a ambientes básicos (Marzzoco; Torres, 2011; Nelson; Cox, 2014; Voet; Voet; Pratt, 2008).

Figura 1.4 – Ligação glicosídica entre dois monossacarídeos, formadores de um dissacarídeo

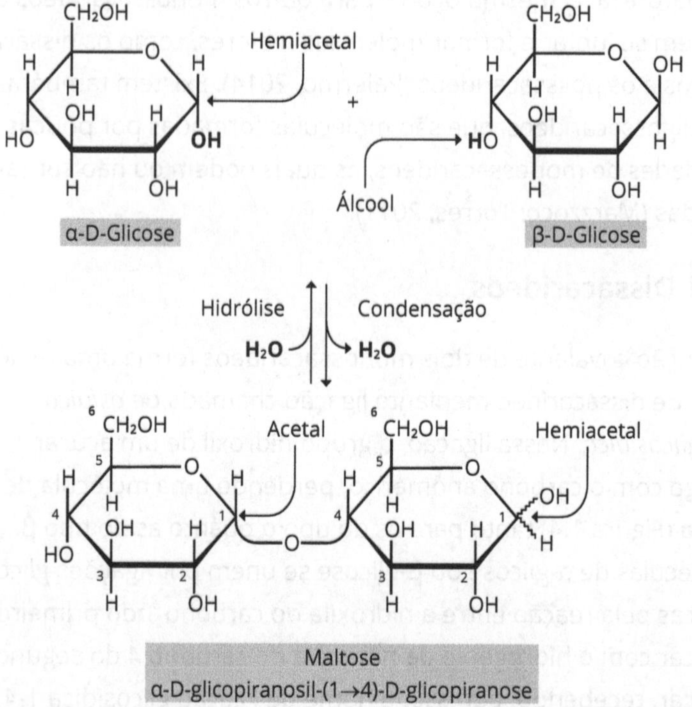

Maltose
α-D-glicopiranosil-(1→4)-D-glicopiranose

Fonte: Nelson; Cox, 2014, p. 252.

Os dissacarídeos mais famosos são a maltose (junção de duas glicoses), a sacarose (glicose mais frutose) – conhecida como *açúcar de cozinha* – e a lactose (presente no leite), formada pela ligação entre uma glicose e uma galactose. Assim como todos os nutrientes da alimentação, os carboidratos devem ser digeridos no sistema digestório e absorvidos pelo intestino até chegar na corrente sanguínea. As moléculas de dissacarídeos são grandes demais para passarem pela membrana plasmática dos enterócitos (células do intestino) ou, até mesmo, garantir o transporte de membrana. Por essa razão, a fim de que sejam absorvidos até a corrente sanguínea, os dissacarídeos devem ser digeridos por enzimas específicas, resultando em monossacarídeos que podem ser absorvidos pelos enterócitos e, com isso, chegar ao sangue. A nomenclatura da maioria das enzimas é formada pela associação da terminação *-ase* à parte inicial da palavra (isto é, ao nome-base) que nomeia a molécula a ser quebrada: a enzima que digere a **lact**ose é a *lactase*, a **malt**ose é a *maltase*, e **sacar**ose é a *sacarase* (Marzzoco; Torres, 2011; Nelson; Cox, 2014; Harvey; Ferrier, 2012; Voet; Voet; Pratt, 2008).

⁉️ Curiosidade

A lactose é um dissacarídeo e, portanto, uma molécula grande para ser absorvida pelo intestino após as refeições. Para que seja absorvida, ela é digerida no intestino delgado pela enzima lactase, produzida pelas células intestinais, liberando glicose e galactose, que são dois monossacarídeos – ou seja, moléculas pequenas que conseguem atravessar a parede intestinal e cair na corrente sanguínea. Algumas pessoas não sintetizam a lactase (ou a sintetizam com alguma mutação), o que atrapalha o seu funcionamento, tornando a digestão da lactose parcial ou nula. Nesse caso, o dissacarídeo é fermentado no intestino grosso por bactérias simbióticas que utilizam a lactose como fonte de energia e liberam no intestino os produtos do seu metabolismo, como ácidos orgânicos de cadeia curta e gases (Figura 1.5) (Nelson; Cox, 2014; Harvey; Ferrier, 2012; Téo, 2002). Os ácidos atraem a água do sangue para o intestino novamente a fim de dissolvê-los e, assim, regularizar o pH intestinal. Esse cenário provoca diarreia, gases, flatulências e dores abdominais, que são sintomas característicos de pessoas com intolerância à lactose (Harvey; Ferrier, 2012).

Figura 1.5 – Metabolismo da lactose por micro-organismos do intestino grosso

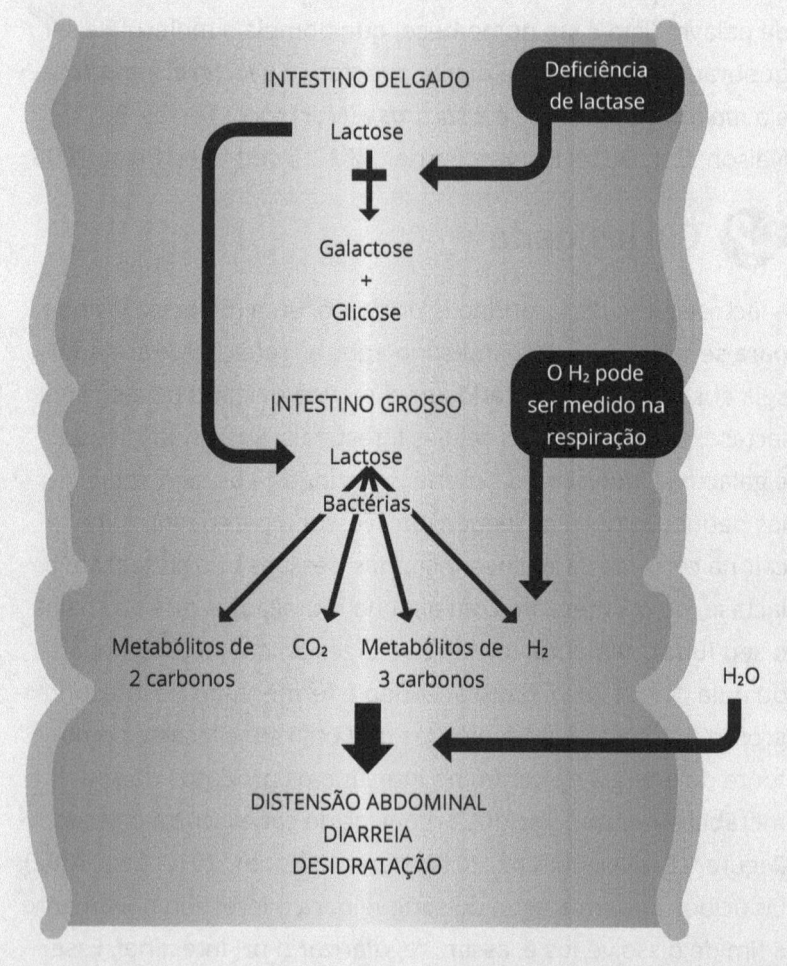

Fonte: Harvey; Ferrier, 2012, p. 87.

1.2.3 Polissacarídeos

Os polissacarídeos são constituídos de longas cadeias de monossacarídeos iguais (homopolissacarídeos) ou monossacarídeos diferentes (heteropolissacarídeos) (Nelson; Cox, 2014). Os polissacarídeos podem ser de origem animal e vegetal e exercer funções diferentes, por exemplo, reserva energética e estrutura corporal.

O polissacarídeo mais conhecido é o amido, um homopolissacarídeo de α-glicose de origem vegetal usado como reserva energética. O amido é produzido pelas plantas por meio da fotossíntese, que utiliza a energia solar para a produção de α-glicoses. Essas α-glicoses são unidas nas células por ligações glicosídicas pela ação de enzimas específicas, formando, assim, a molécula de amido. O equivalente ao amido nos animais e fungos é o glicogênio, também um homopolissacarídeo de α-glicose armazenado no fígado e nos músculos dos animais e no interior das células dos fungos. A glicose da dieta não utilizada pelas células é armazenada na forma de glicogênio para os períodos de jejum (Marzzoco; Torres, 2011; Voet; Voet; Pratt, 2008). Tanto o amido quanto o glicogênio são formados por α-glicoses unidas por ligações glicosídicas α1-4, o que origina uma cadeia linear. Entretanto, esses polímeros ainda apresentam, entre as moléculas de glicose, ramificações em suas cadeias mediante ligações α1-6. O glicogênio apresenta, desse modo, mais ramificações e é mais compacto que o amido (Nelson; Cox, 2014; Richard; Ferrier, 2012).

Alguns polissacarídeos exercem função estrutural, como a celulose e a quitina. A celulose é um homopolissacarídeo linear formado por β-glicoses e encontrado na parede celular das células vegetais. As ligações glicosídicas das β-glicoses são β1- 4, o que torna a celulose indigerível pelo intestino humano, uma vez que não possuímos enzimas capazes de quebrá-las (Nelson; Cox, 2014; Voet; Voet; Pratt, 2008). Por isso, a celulose é uma fibra alimentar que, por não ser digerida, aumenta o fluxo intestinal, diminuindo a constipação, além de retardar a absorção de glicose, diminuindo o pico glicêmico após as refeições (Alves; Gagliardo; Lavinas, 2008; Palermo, 2014). A quitina é outro homopolissacarídeo linear composto por unidades de N-acetilglicosamina em ligações glicosídicas β1- 4 e é encontrada no exoesqueleto rígido dos artrópodes, como aranhas e insetos, conferindo proteção contra impactos e contra perda de água (Nelson; Cox, 2014).

1.3 Lipídeos

Conhecidos como gorduras e óleos, os lipídeos são moléculas de ampla função biológica nos organismos. Possuem estruturas amplamente variadas, sendo que a sua principal característica é a insolubilidade em água, o que caracteriza a sua hidrofobicidade (Marzzoco; Torres, 2011; Nelson; Cox, 2014). Alguns lipídeos, porém, são anfipáticos, ou seja, apresentam, dentro de uma molécula hidrofóbica, uma porção hidrofílica capaz de interagir com as moléculas de água ao redor, como é o caso dos fosfolipídeos e o colesterol (Marzzoco; Torres, 2011). Embora sejam vistos como vilões à saúde, os lipídeos apresentam uma diversidade de importâncias no nosso organismo, contribuindo com o funcionamento e a homeostase. Dentre as sua funções, estão: a capacidade energética; a síntese de hormônios e de vitamina D; o transporte e o armazenamento de vitaminas lipossolúveis, como as vitaminas A, D, E e K; o isolamento térmico e a composição das membranas celulares (Nelson; Cox, 2014; Palermo, 2014).

Basicamente, os lipídeos são formados por uma unidade menor chamada de *ácido graxo*, que é derivada de um hidrocarboneto e apresenta, em uma extremidade, o grupo carboxila com caráter hidrofílico, e, em outra, o grupo metil de caráter hidrofóbico. A cadeia carbônica tende a ser longa e conter número par de carbonos, devido ao modo como estes são sintetizados, o que envolve junções sucessivas de unidades de dois carbonos (Marzzoco; Torres, 2011; Nelson; Cox, 2014). Os ácidos graxos quase não são encontrados livremente na natureza, sendo associados, de maneira geral, a um álcool, como o glicerol, pelo qual se produz o triacilglicerol, ou associados à esfingosina, com a qual se formam os esfingolipídeos (Marzzoco; Torres, 2011; Voet; Voet; Pratt, 2008). Os carbonos presentes nas moléculas de ácidos graxos saturados estão ligados entre si por uma ligação covalente simples. Quando há uma insaturação (ligação dupla) entre os carbonos, ocorre uma torção na molécula, o que caracteriza um ácido graxo insaturado (Figura 1.6). Ácidos graxos com duas ou mais insaturações são chamados de *ácidos graxos poli-insaturados* (ver subcapítulo 3.2) (Marzzoco; Torres, 2011; Nelson; Cox, 2014; Harvey; Ferrier, 2012; Voet; Voet; Pratt, 2008).

A identificação de ácidos graxos é feita por meio de uma nomenclatura simplificada chamada de *nomenclatura α*, bastante usada em textos e artigos científicos. Trata-se da identificação do número de carbonos, seguida do número de insaturações. Por exemplo, a nomenclatura para um ácido graxo com vinte carbonos e três insaturações é *20:3*. Existe ainda a designação *delta* (Δ), que indica a posição das insaturações com base no número do carbono, cuja contagem parte do grupo carboxil para o grupo metil (Nelson; Cox, 2014). Para ácidos graxos poli-insaturados, é usada a nomenclatura ômega (ω), que se baseia apenas na posição da primeira insaturação, cuja contagem dos carbonos é feita do grupo metil para o grupo carboxil (Marzzoco; Torres, 2011; Nelson; Cox, 2014; Voet; Voet; Pratt, 2008).

Figura 1.6 – Representação esquemática da estrutura de um ácido graxo saturado (A), um ácido graxo insaturado (B) e um ácido graxo poli-insaturado (C)

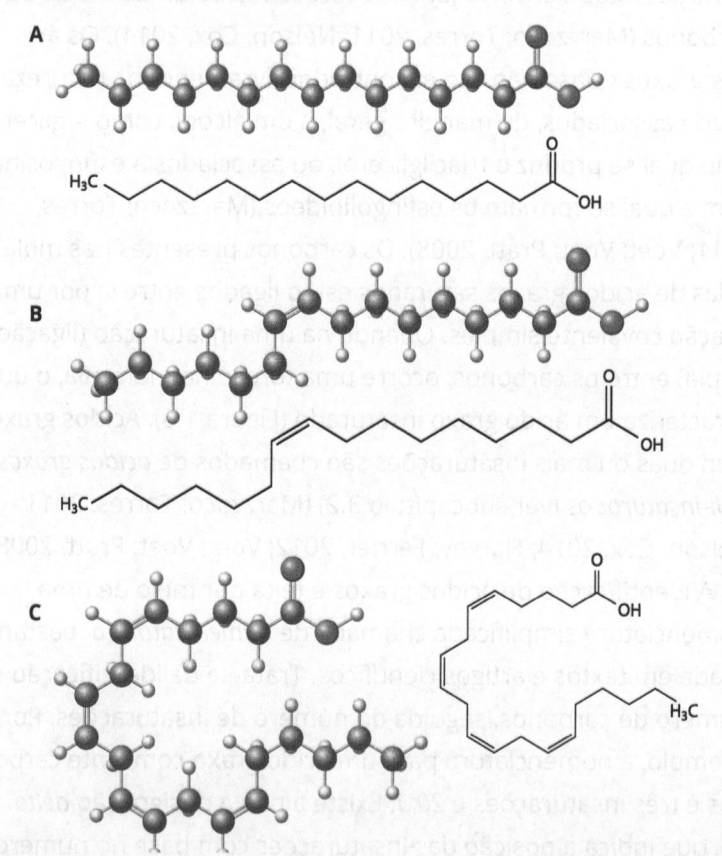

Veja que, na parte superior da figura, as moléculas estão ilustradas com os átomos que as compõem; já na parte inferior aparece a representação didática de cada uma delas – o grupo metil (CH_3) em uma das extremidades das moléculas, e o grupo carboxil (C=O) na extremidade oposta, e cada quina representa um átomo carbono. As nomenclaturas α e ω dos ácidos graxos representados são: **A:** 15:0; **B:** 16:1Δ^9, ω7; **C:** 20:4$\Delta^{5,8,11,14}$, ω6. Vale dizer que os seres vivos necessitam de ácidos graxos tanto para cumprir a função energética quanto para manter sua composição celular. Para isso, eles ficam associados a outros componentes a fim de formar diferentes tipos de moléculas lipídicas com funções distintas (Voet; Voet; Pratt, 2008).

1.3.1 Classificação e composição

Os diferentes lipídeos são classificados de acordo com a composição, sendo que cada um apresenta uma função específica para os seres vivos. Há, dentre eles, as gorduras industrializadas, às quais damos o nome de gorduras *trans* (Palermo, 2014). Descrevamos essas classificações:

a. Triacilgliceróis

Os triacilgliceróis são os lipídeos mais abundantes, conhecidos como *triglicérides* ou *triglicerídeos*. São formados por três ácidos graxos, encontrados na célula na forma de *acil*-graxo- -CoA, ligados a uma molécula de glicerol (Figura 1.7), por isso o nome *tri+acil+glicerol*. Os ácidos graxos envolvidos nessas ligações podem ser iguais ou diferentes entre si, com relação ao tamanho e a presença de instaurações. Embora os ácidos graxos e o glicerol sejam moléculas anfipáticas, a união entre elas remove a porção hidrofílica, mantendo apenas a porção hidrofóbica, o que a caracteriza como molécula insolúvel em água (Nelson; Cox, 2014; Voet; Voet; Pratt, 2008). Nos animais, os triacilgliceróis são armazenados nos adipócitos, na forma de gotículas microscópicas de gordura, que ocupam quase todo o citoplasma da célula. Por sua vez, em vegetais, são armazenados como óleos nas sementes de vários tipos de plantas, fornecendo energia e atuando como precursores biossintéticos durante a germinação da semente (Nelson; Cox, 2014).

Figura 1.7 – Representação da molécula de triacilglicerol

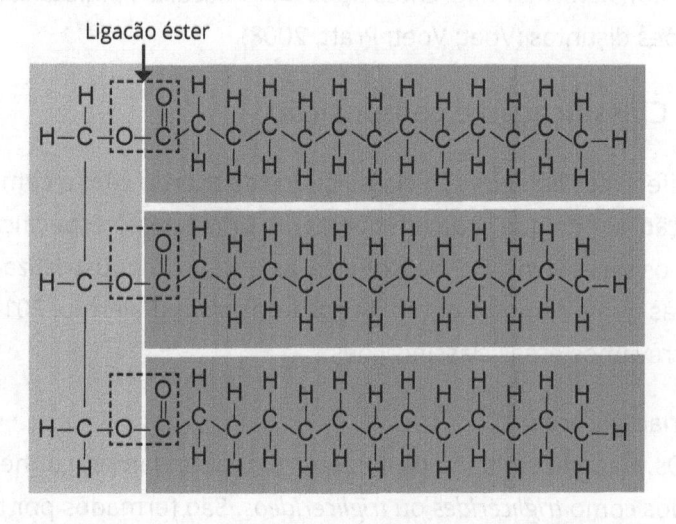

O tecido adiposo também funciona como isolante térmico, protegendo o corpo da perda de calor. Existem dois tipos de tecido adiposo: i) o branco (TAB – tecido adiposo branco); e ii) o marrom (TAM – tecido adiposo marrom). O primeiro é formado por células grandes cujo interior é quase totalmente ocupado por uma única gota de gordura, sendo distribuído de maneira uniforme sob a pele e servindo como fonte de energia. O segundo, por sua vez, é constituído por células menores nas quais estão espalhadas várias gotículas de gordura, apresentando grandes quantidades de mitocôndrias e vascularização, o que torna a cor desse tecido mais escura. O TAM produz grande quantidade da proteína termogenina, responsável pela termogênese e por liberar o calor necessário a fim de manter o corpo aquecido (Nelson; Cox, 2014; Voet; Voet; Pratt, 2008).

b. Cerídeos

Também conhecido como *ceras*, os cerídeos são formados por uma molécula de álcool que não seja o glicerol, ligado a um ou mais ácidos graxos de cadeia longa. São usados como impermeabilizantes em células vegetais e animais, para evitar a perda de água e a penetração por parasitas. As aves, por exemplo, produzem uma cera na glândula uropigiana, utilizada para impermeabilizar as penas e permitir o vôo na chuva e a imersão na água (Nelson; Cox, 2014; Voet; Voet; Pratt, 2008). Alguns autores acreditam que as glândulas uropigianas estejam relacionadas com a produção de feromônios, o controle da higiene da plumagem, o isolamento térmico e a defesa contra predadores (Salibian; Montalti, 2009). Em humanos, as ceras são produzidas pelas glândulas sebáceas para hidratação e proteção da pele.

c. Fosfolipídeos

Os fosfolipídeos são moléculas anfipáticas muito conhecidas por serem os principais componentes das biomembranas das células, compondo a bicamada lipídica que atua como uma barreira para a passagem de íons e moléculas polares.

Constituídos de fosfato, dividem-se em dois grupos: o glicerolfosfolipídeos e os esfingolipídeos (Marzzoco; Torres, 2011; Nelson; Cox, 2014).

Os glicerolfosfolipídeos, também conhecidos como *fosfoglicerídeos*, são formados pela ligação entre o glicerol e duas moléculas de ácidos graxos; o glicerol ainda faz uma terceira ligação com um grupo fosfato, que também se liga a um álcool – sendo que o grupo fosfato e o álcool são a porção hidrofílica da molécula (Marzzoco; Torres, 2011; Nelson; Cox, 2014). Os esfingolipídeos são semelhantes aos glicerolfosfolipídeos, porém, no lugar do glicerol, encontra-se a esfingosina: um aminoálcool com longa cadeia de hidrocarboneto. A ligação entre o carbono 2 da esfingosina e um ácido graxo resulta em um composto que recebe o nome de **ceramida** (Marzzoco; Torres, 2011; Nelson; Cox, 2014; Voet; Voet; Pratt, 2008). Os esfingolipídeos são divididos em três classes – esfingomielinas, glicoesfingolipídeos e gangliosídeos –, todas derivadas da ceramida, embora com diferentes compostos que formam a cabeça da molécula. A primeira classe é a das **esfingomielinas**, que apresentam um grupo fosfato e um grupo colina (fosfocolina) como grupo polar da cabeça. Além de estarem presentes na membrana plasmática, também são componentes principais da mielina, uma membrana que envolve os axônios dos neurônios e evita o desvio do impulso nervoso. A classe dos **glicoesfingolipídeos** é formada por uma ceramida ligada a um ou mais açúcares. Dentre os glicoesfingolipídeos estão: i) os cerebrosídeos, que contêm apenas um açúcar ligado à ceramida, como a galactose (em células neurais) e a glicose (em células não neurais); e ii) os globosídeos, que apresentam dois ou mais açúcares ligados à ceramida, razão pela qual também são conhecidos como *glicolipídeos neutros*. A última classe de esfingolipídeos é a dos **gangliosídeos**, moléculas mais complexas que apresentam oligossacarídeos às vezes ramificados com a inclusão de açúcares na composição, em que consta o grupo amina (Marzzoco; Torres, 2011; Nelson; Cox, 2014; Voet; Voet; Pratt, 2008). Existem pelo menos 60 esfingolipídeos diferentes em membranas celulares. Alguns são sítios de reconhecimento na superfície da célula, a maioria dos quais apresenta função desconhecida, embora já seja sabido que a proporção de carboidratos presentes em certos esfingolipídeos define o tipo sanguíneo humano e as regras de transfusões (Nelson; Cox, 2014).

d. Esteróis

Esteróis (ou *esteroides*) são lipídeos presentes na maioria das membranas de células eucarióticas. Em sua estrutura, apresentam um núcleo tetracíclico, ou seja, formado por quatro anéis, sendo que em três deles há seis carbonos e no outro há cinco carbonos (Figura 1.8). A principal molécula representante é o colesterol (Marzzoco; Torres, 2011; Nelson; Cox, 2014; Voet; Voet; Pratt, 2008). O colesterol é uma molécula anfipática com uma hidroxila polar na extremidade, ao passo que todo o resto da molécula é uma cadeia de hidrocarboneto hidrofóbica. Outros esteróis menos conhecidos também estão presentes em plantas, como o estigmasterol, e em fungos, como o ergosterol. As bactérias não conseguem sintetizar esteróis, razão pela qual incorporam, em sua membrana, alguns destes que são provenientes do ambiente (Nelson; Cox, 2014).

Figura 1.8 – Ilustração da fórmula química e da molécula de colesterol

$C_{27}H_{46}O$

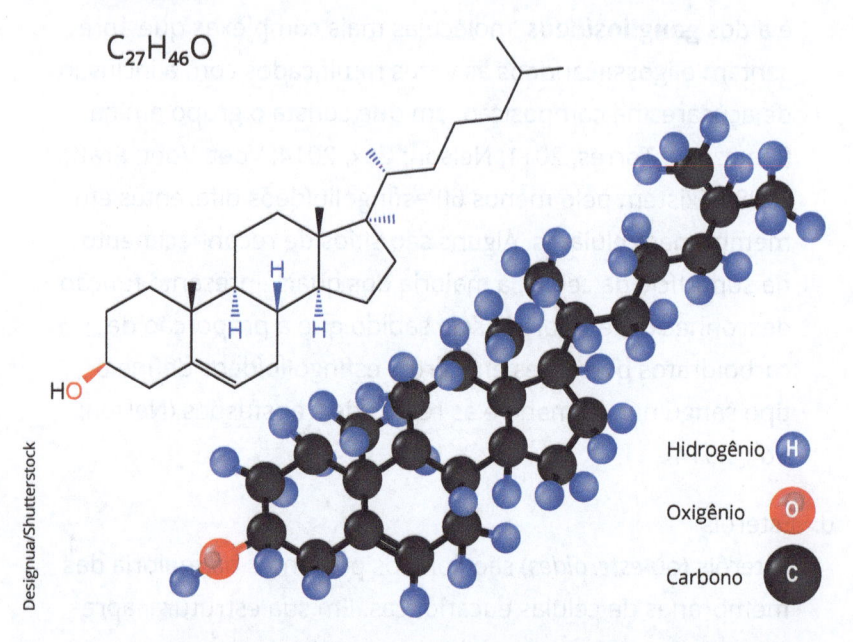

Hidrogênio **H**

Oxigênio **O**

Carbono **C**

Além de estarem presentes nas biomembranas, os esteróis exercem outras funções biológicas nos organismos. O colesterol é precursor da síntese dos hormônios aldosterona e cortisol – produzidos pelas glândulas suprarrenais – e dos hormônios sexuais, como progesterona e estrógeno, na mulher, e testosterona, no homem. É também utilizado para a síntese de sais biliares que emulsificam, no intestino, os lipídeos da dieta, facilitando a digestão e a absorção deles (Marzzoco; Torres, 2011; Nelson; Cox, 2014; Palermo, 2014; Voet; Voet; Pratt, 2008). A vitamina D3 (colecalciferol), produzida pelo colesterol da pele quando esta é estimulada pela radiação ultravioleta (UV), é importante para a absorção de cálcio no intestino. A carência de vitamina D pode levar à má formação dos ossos, ao raquitismo e a problemas imunológicos (Leite, 2005; Marzzoco; Torres, 2011).

e. Gorduras *trans*

Amplamente utilizadas em alimentos industrializados, as gorduras *trans* são produzidas pela hidrogenação dos óleos vegetais. Esse processo quebra as ligações duplas de ácidos graxos insaturados e as converte em duas ligações simples, adicionando um hidrogênio a uma delas. Assim, a posição dos hidrogênios pode ser na forma *cis* ou *trans*. A forma *cis* caracteriza-se pelos hidrogênios do mesmo lado da molécula, o que aumenta o ponto de fusão do óleo, de forma que fique sólido em temperatura ambiente, como a margarina. A forma *trans* apresenta hidrogênios posicionados em lados opostos da molécula, tornando a substância rançosa e mais durável, sendo encontrada em alimentos industrializados e *fast-foods*, que são geralmente fritos em óleos vegetais parcialmente hidrogenados e que, por isso, contêm altos níveis dessas gorduras (Nelson; Cox, 2014).

1.3.2 Propriedades

Os lipídeos, formados essencialmente por uma cadeia apolar, ou seja, hidrofóbica, com exceção dos triacilgliceróis, são anfipáticos: possuem uma cabeça hidrofílica, ou seja, polar, por isso se comportam como polares e apolares simultaneamente (menos os triacilgliceróis). Essa propriedade determina a forma como esses compostos são transportados no sangue, que é rico em água (Marzzoco; Torres, 2011; Voet; Voet; Pratt, 2008). Os lipídeos e as vitaminas derivadas deles não podem circular livremente no sangue em virtude da sua porção hidrofóbica, razão pela qual são transportados pela corrente sanguínea mediante estruturas complexas chamadas de *lipoproteínas*. Essas lipoproteínas têm a periferia formada por proteínas ligadas a lipídeos anfipáticos, cujas cabeças polares estão voltadas para o sangue e as caudas apolares para o centro do complexo. As caudas apolares se atraem com uma força que determina a expulsão das moléculas de água entre elas, processo a que se dá o nome de *interação hidrofóbica*. Nessa interação não há contato entre as caudas apolares, porém a força de expulsão da água as mantém próximas. No interior das lipoproteínas encontram-se os triacilgliceróis, que também participam de interações hidrofóbicas para manter a estrutura da liproteína (Nelson; Cox, 2014; Voet; Voet; Pratt, 2008). Há diferentes tipos de lipoproteínas – que serão abordadas no Capítulo 3 –, as quais constituem uma forma segura de transportar lipídeos e seus derivados ao longo da corrente sanguínea por todo o corpo (Marzzoco; Torres, 2011; Palermo, 2014).

A característica anfipática e a capacidade de fazer interações hidrofóbicas também determinam a configuração das membranas celulares ou biomembranas (que correspondem à membrana plasmática e às organelas membranosas), que são constituídas por uma bicamada lipídica de fosfolipídeos com inserção de proteínas, formando uma estrutura conhecida como *mosaico fluido* (Figura 1.9). O mosaico fluido representa a organização das biomembranas, formadas por uma bicamada lipídica com proteínas inseridas na parte interna, externa ou atravessando a membrana, construindo, assim, canais de passagens de moléculas com ou sem gasto de energia. As biomembranas apresentam permeabilidade seletiva, ou seja, tornam-se impermeáveis para componentes polares ou carregados e permeáveis para compostos apolares (Nelson; Cox, 2014; Voet; Voet; Pratt, 2008).

Figura 1.9 – Mosaico fluido

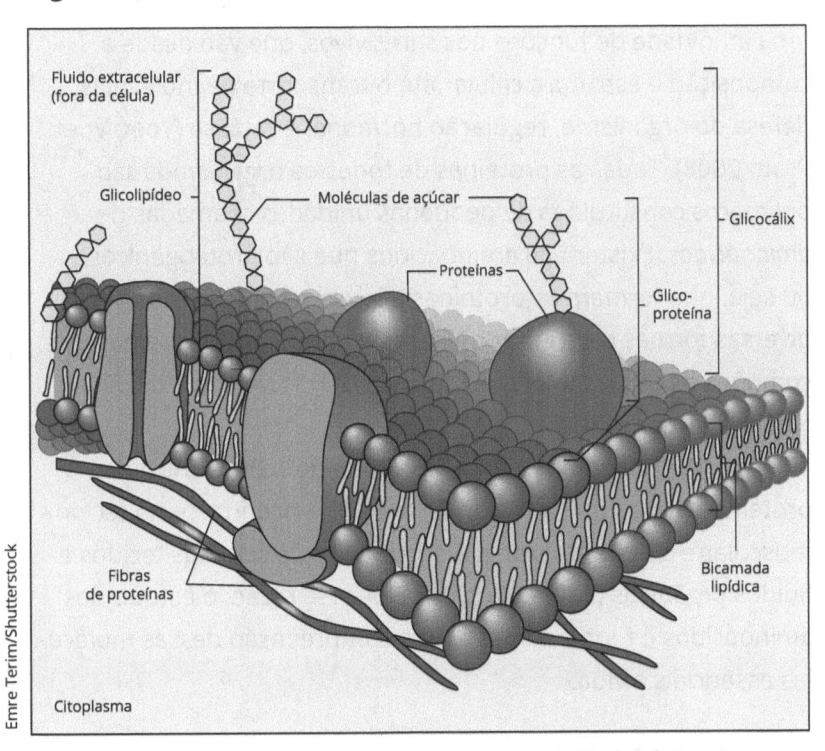

Os fosfolipídeos se organizam espontaneamente em ambiente aquoso, como as células e os espaços entre elas (interstício), formando agregados, mantendo as porções apolares unidas por interação hidrofóbica e as cabeças polares voltadas para fora ou para dentro da célula, o que reduz o contato da porção hidrofóbica com a água. A interação entre as cabeças e a água mantém a estrutura estável (Marzzoco; Torres, 2011; Nelson; Cox, 2014; Voet; Voet; Pratt, 2008).

1.4 Aminoácidos

Depois da água, o componente mais abundante do nosso corpo são as proteínas. Essas macromoléculas são responsáveis por uma infinidade de funções nos seres vivos, que vão desde a composição e estrutura celular até o transporte de moléculas, defesa do organismo, regulação hormonal e catálise (Voet; Voet; Pratt, 2008). Todas as proteínas de todos os organismos são polímeros constituídos de pequenas unidades chamadas de *aminoácidos*. Existem 20 aminoácidos que são proteogênicos, ou seja, que formam as proteínas; eles se combinam das mais diversas formas para gerar milhares de diferentes proteínas que compões as células (Marzzoco; Torres, 2011; Nelson; Cox, 2014; Harvey; Ferrier, 2012).

A massa corporal humana é formada de 12% a 15% de proteínas, sendo que a maior parte (65%) encontra-se no tecido muscular e o restante distribuído em todos os demais tecidos e fluidos orgânicos (Palermo, 2014). Por essa razão, o estudo dos aminoácidos é fundamental para a compreensão dessas moléculas essenciais a vida.

1.4.1 Composição

Os *aminoácidos* recebem esse nome por serem anfóteros, ou seja, por apresentarem uma região que se comporta como ácido e outra que se comporta como base. Todo aminoácido é formado por carbono, hidrogênio, oxigênio e nitrogênio, mas alguns ainda podem conter enxofre na composição, como os aminoácidos metionina e cisteína (Nelson; Cox, 2014; Palermo, 2014).

Figura 1.10 – Representação estrutural de um aminoácido

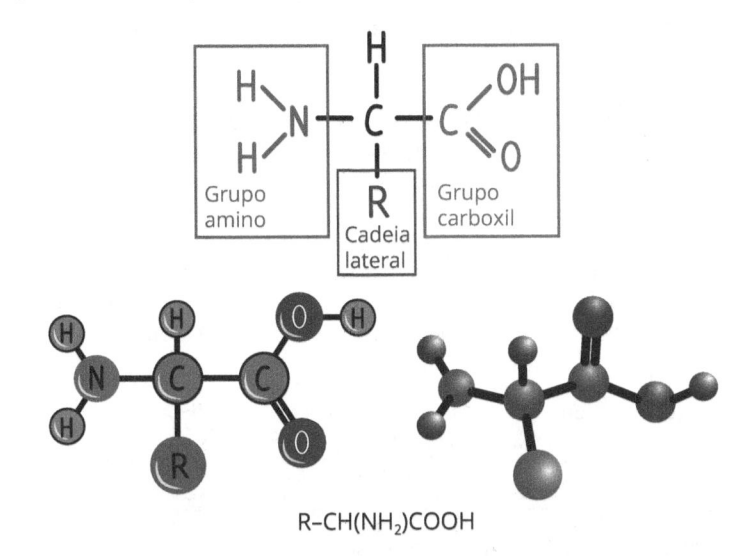

R–CH(NH₂)COOH

Todo aminoácido apresenta um esqueleto básico formado por cinco regiões:

1. carbono central, conhecido como *carbono alfa* ou *carbono quiral*;
2. grupo carboxila, que se comporta como um ácido;
3. grupo amino, que se comporta como uma base;
4. um átomo de hidrogênio;
5. a cadeia lateral (representada pela letra R, na Figura 1.10), região que diferencia os aminoácidos e que pode ser curta, longa, ramificada ou não, ou, ainda, apresentar característica polar ou apolar, o que divide os aminoácidos em 4 grupos, conforme a Figura 1.11 (Harvey; Ferrier, 2012; Voet; Voet; Pratt, 2008).

Figura 1.11 – Estrutura dos aminoácidos proteogênicos divididos em grupos de acordo com as características da cadeia lateral

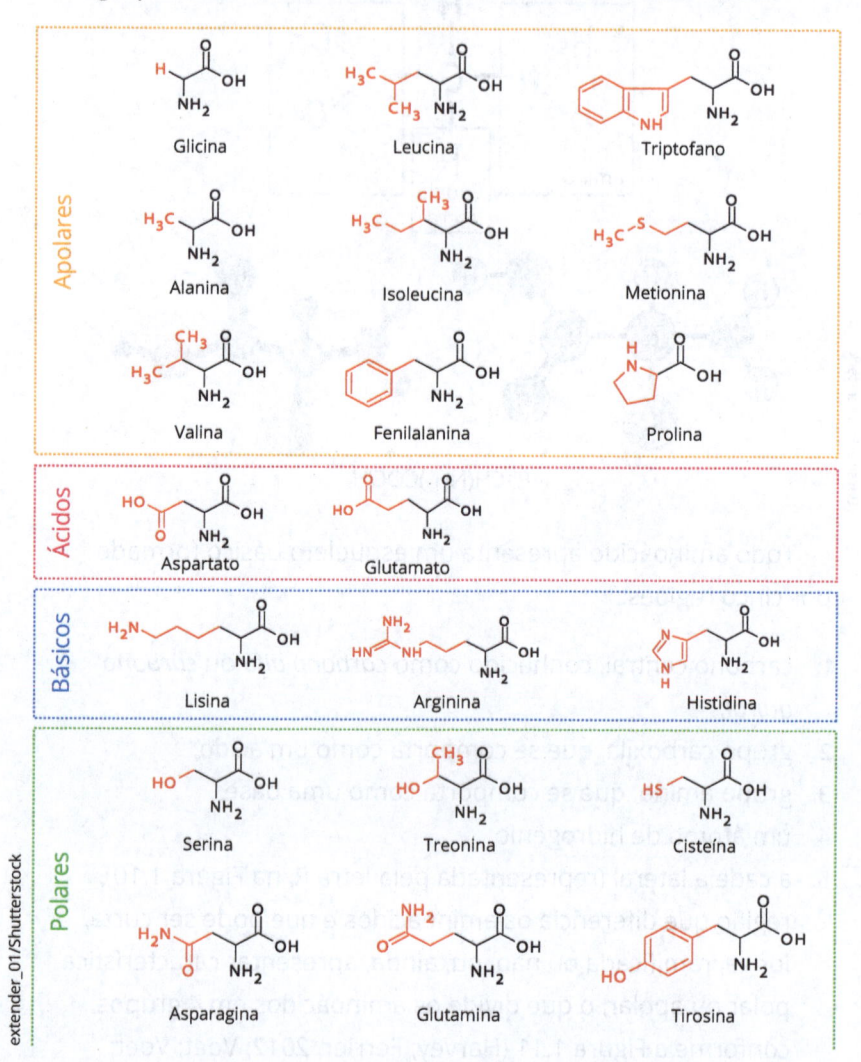

1.4.2 Importância e propriedades

Os aminoácidos aromáticos são utilizados em métodos para identificação e quantificação de proteínas devido à capacidade que têm de absorver a luz ultravioleta. Um equipamento chamado *espectrofotômetro* emite luz ultravioleta sobre a amostra enquanto um detector mede a quantidade de luz que atravessa essa amostra. O equipamento calcula a diferença entre a intensidade da luz emitida e a intensidade da luz detectada após passar pela amostra, apontando que, quanto mais proteínas houver, menor será a quantidade de luz detectada. É importante ressaltar que a quantidade de aminoácidos aromáticos na proteína interfere nos resultados, razão pela qual a base do cálculo é o coeficiente de extinção molar, ou a absortividade molar, um valor que determina a capacidade da molécula como um todo (a proteína) de absorver luz. Dessa forma, o cálculo feito é baseado na absortividade da proteína como um todo, e não de aminoácidos individuais (Nelson; Cox, 2014).

Os aminoácidos apolares são hidrofóbicos, logo, apresentam aversão à molécula de água, e, por esse motivo, estão enterrados na estrutura da proteína, longe do solvente, por exemplo, da própria água do ambiente. Os aminoácidos polares são hidrofílicos, razão por que, geralmente, estão alocados na superfície da estrutura proteica, em contato e em interação com o solvente. Ainda, os aminoácidos ácidos são aqueles que se comportam como ácidos por apresentarem um grupo carboxil a mais; os aminoácidos básicos, por sua vez, são constituídos por um grupo amina a mais, e se comportam, portanto, como bases. Essas características são influenciadas pelas condições do ambiente em que elas se encontram (Nelson; Cox, 2014; Harvey; Ferrier, 2012; Voet; Voet; Pratt, 2008).

Os ambientes intracelular e extracelular devem apresentar características constantes ideais que favoreçam as reações químicas de forma correta e eficiente. A essa constância damos o nome de *homeostase* (Silverthorn, 2017). Alterações na respiração e no metabolismo podem variar algumas características dos ambientes intracelular e extracelular, como a composição de sais, as cargas e o pH (potencial hidrogeniônico). O pH é uma forma de medir quão ácida ou básica está uma solução, de acordo com a concentração de íons H^+ nela presentes, mediante escala de 0 a 14: a solução torna-se mais ácida quanto mais perto de 0 e mais básica quanto mais próxima de 14 (Nelson; Cox, 2014). Os ácidos são caracterizados pela liberação de íons H^+ (prótons) quando em contato com a água; e as bases, pela liberação de OH^-. Esses elementos carregados interagem com as estruturas dos organismos, podendo danificá-las – seria como interagir com a molécula de DNA e causar-lhe uma mutação ou, então, com os fosfolipídeos das membranas plasmáticas e causar-lhes ruptura (Marzzoco; Torres, 2011; Nelson; Cox, 2014). Por isso, substâncias ácidas e básicas concentradas apresentam a capacidade de corrosão e toxicidade. Os aminoácidos têm a capacidade de serem ionizáveis em pH ácido ou básico, razão pela qual são chamados, como já mencionamos, de *anfóteros*.

Além disso, a maioria dos aminoácidos se comporta como um íon híbrido em pH neutro, também chamado de **zwitterion** (Nelson; Cox, 2014; Harvey; Ferrier, 2012; Voet; Voet; Pratt, 2008). Alguns aminoácidos possuem um terceiro grupo ionizável, presente na cadeia lateral. O glutamato e o aspartato são classificados como aminoácidos ácidos por possuírem um segundo grupo carboxil na cadeia lateral; por sua vez, os aminoácidos básicos são arginina, histidina e lisina, que possuem um segundo grupo amino na cadeia lateral. Esses aminoácidos permanecem ionizados em pH neutro (Marzzoco; Torres, 2011; Nelson; Cox, 2014).

Com a alteração do pH (de 1 a 14), é realizada uma curva de titulação a fim de determinar o ponto de ionização, o pK. Um aminoácido geralmente tem dois pontos de ionização, que correspondem à amina (pK_1) e à carboxila (pK_2). Aminoácidos básicos ou ácidos apresentam um terceiro ponto de ionização referente ao grupo ionizável da cadeia lateral (pK_R). As características ácido-base dos aminoácidos contribuem para formar as características ácido-base das proteínas por eles compostas (Marzzoco; Torres, 2011; Nelson; Cox, 2014). A titulação consiste na adição ou na remoção gradual de prótons (cargas positivas) com base na adição de um ácido ou uma base forte, o que permite a neutralização das cargas dos aminoácidos, caracterizando uma curva de titulação.

Todos os aminoácidos apresentam dois pontos de ionização (Gráfico 1.1), com excessão daqueles que possuem a cadeia lateral também ionizável. Em pH ácido, ambos os grupos, amino e carboxila, estão carregados positivamente, ou seja, apresentam-se protonados. Conforme uma base lhe é adicionada, o pH aumenta e o grupo carboxila sofre desprotonação, isto é, perde prótons (H^+). O primeiro ponto da titulação é o valor de pH no qual 50% do grupo carboxila está desprotonado e 100% do grupo amino ainda está protonado. Esse ponto recebe o nome de *constante de ionização* (pK_1). Conforme o pH aumenta com a adição da base, o grupo carboxila fica completamente desprotonado, enquanto o grupo amino se mantém totalmente protonado. Nesse ponto, a carga final do aminoácido é 0, em que o grupo carboxil é negativo (desprotonado) e o grupo amino é positivo (protonado). O pH em que a carga líquida do aminoácido é 0 denomina-se *ponto isoelétrico* (pI). Ao se elevar o pH, 100% do grupo carboxil mantém-se desprotonado e o grupo amino começa a sofrer desprotonação. O pH em que 100% do grupo carboxil está desprotonado, 50% do grupo amino está desprotononado e 50% está protonado é chamado de *pK$_2$*. À medida que elevamos o pH, ambos os grupos ficam totalmente desprotonados (Marzzoco; Torres, 2011; Nelson; Cox, 2014; Harvey; Ferrier, 2012; Voet; Voet; Pratt, 2008). Aminoácidos que possuem cadeia lateral R ionizável apresentam um terceiro ponto na curva de titulação entre o pK_1 e o pK_2, chamado de pK_R (Gráfico 1.1), que é o valor de pH em que 50% das cadeias laterais estão desprotonadas (Nelson; Cox, 2014; Harvey; Ferrier, 2012).

1.5 Proteínas

Os aminoácidos são provenientes da dieta na forma de proteínas. Essas proteínas são digeridas em aminoácidos que, por sua vez, são absorvidos e utilizados pelas células para fazer novas proteínas de que o corpo necessite (Palermo, 2014; Harvey; Ferrier, 2012).

1.5.1 Síntese de proteínas

Para formar as proteínas, os aminoácidos precisam se unir em uma ligação covalente chamada de *ligação peptídica*. Essa ligação é feita pelos ribossomos das células que interpretam uma informação vinda do DNA na forma de RNAm (ver subcapítulo 5.4). Os ribossomos sintetizam as proteínas ao unir os aminoácidos. Essa ligação é desidratante porque resulta na retirada de uma molécula de água. A hidroxila do grupo carboxil do primeiro aminoácido é removida com o hidrogênio do grupo amino do segundo aminoácido, razão pela qual ambos grupos – carboxil e amino – ficam carregados e aptos para fazer uma nova ligação, que é realizada diretamente entre o carbono do grupo carboxil negativo de um aminoácido e o nitrogênio do grupo amino positivo do aminoácido seguinte. Por haver uma remoção de "pedaços" de ambos os aminoácidos, as partes que sobram são chamadas de *resíduos de aminoácidos*. Estes ficam ligados em uma cadeia linear sem ramificações, formando a estrutura primária de uma proteína (Marzzoco; Torres, 2011; Nelson; Cox, 2014; Harvey; Ferrier, 2012; Voet; Voet; Pratt, 2008).

Gráfico 1.1 – Curva de titulação de aminoácido

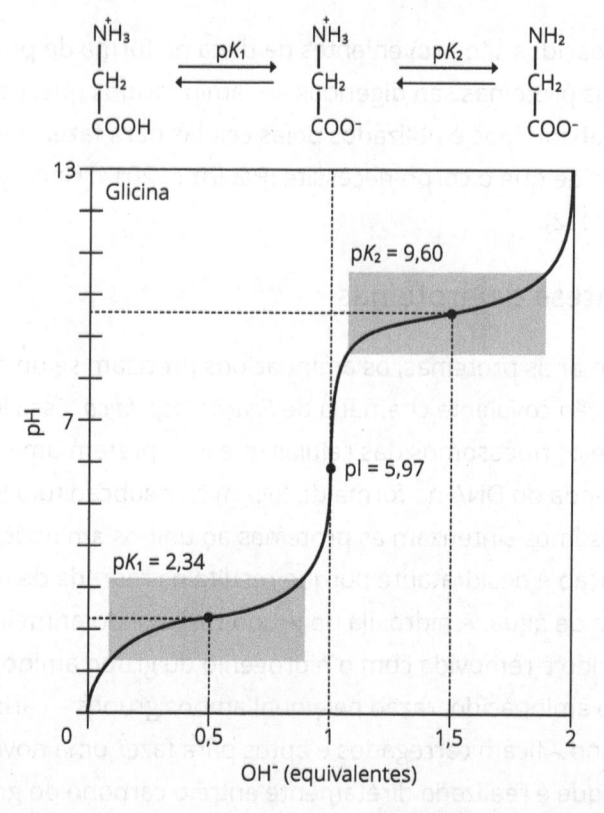

Fonte: Nelson; Cox, 2014, p. 83.

Na curva representada no gráfico estão indicados dois pontos de ionização onde ocorre o maior poder tamponante. Um tamponante é uma substância que apresenta cargas capazes de interagir com os íons H^+ liberados por ácidos e com os OH^- liberados pelas bases, a fim de não os deixar livres, evitando a variação de pH causada por estes. Alguns tipos de sistema tampão são encontrados nos seres vivos com o objetivo de evitar variações significativas do pH no ambiente celular e no plasma (Nelson; Cox, 2014; Harvey; Ferrier, 2012)

A ligação peptídica é um exemplo de ligação de condensação em que ocorre união das moléculas. Essa ligação é bastante estável sendo quebrada somente por ação enzimática ou por extremos de temperatura e pH. Por essa razão, as proteínas dos alimentos devem sofrer ação de enzimas do sistema digestório para serem transformadas em aminoácidos que possam ser absorvidos pelas células (Palermo, 2014). Além disso, as ligações peptídicas apresentam caráter parcial de dupla-ligação, o que as tornam mais curtas que uma ligação simples e rígida, sem a capacidade de rotação livre entre o C e o N – porém, a rotação é livre entre o N do grupo amino e o carbono alfa, e entre o carbono alfa e o C do grupo carboxil (Marzzoco; Torres, 2011; Harvey; Ferrier, 2012).

Os aminoácidos, quando ligados por ligação peptídica, formam um polímero curto chamado de *peptídeo*. Quando esse polímero torna-se longo (maior que 30 aminoácidos), a cadeia recebe o nome de *proteína*. Essas cadeias são lineares, sem ramificações, dentro das quais ficam livres apenas o grupo amino do primeiro aminoácido (extremidade chamada de *N-terminal* em razão da presença de nitrogênio) e o grupo carboxil do último aminoácido da cadeia (extremidade nomeada de *C-terminal* em razão da presença de carbono) (Harvey; Ferrier, 2012; Voet; Voet; Pratt, 2008).

1.5.2 Estrutura e composição proteicas

As proteínas apresentam uma estrutura organizada de acordo com a sequência de aminoácidos. Essa organização é dada em níveis, cada um dos quais compreende um empacotamento ou enovelamento característico da proteína, resultado de interações fracas, como ligações de hidrogênio, ligações dissulfeto, interações hidrofóbicas e interações iônicas. O arranjo espacial dos átomos que compõem as proteínas é chamado de **conformação** (Nelson; Cox, 2014; Harvey; Ferrier, 2012; Voet; Voet; Pratt, 2008).

Vamos agora descrever com detalhes os níveis de organização de uma proteína, que correspondem, respectivamente, às estruturas primária, secundária, terciária e quaternária.

a. Estrutura primária

A estrutura primária caracteriza-se pela sequência linear de resíduos de aminoácidos associados por ligações peptídicas. Cada proteína apresenta uma composição e sequência única de aminoácidos, que determina a organização dos demais níveis por interações entre os aminoácidos da cadeia. A estrutura da proteína determina sua função, isto é, uma proteína só consegue atuar corretamente no organismo quando a própria estrutura está elaborada de maneira apropriada. Se houver mutações nos genes que as codificam ou erros durante sua síntese, serão geradas proteínas defeituosas, que não realizam corretamente as suas funções, causando erros inatos. Essas mutações podem ser a troca de um aminoácido da sequência ou até mesmo a perda de uma parte da proteína, o que recebe o nome de *truncagem*. Nesse sentido, a proteína não consegue se organizar corretamente para exercer a própria função, razão pela qual o funcionamento do organismo fica comprometido (Marzzoco; Torres, 2011). Proteínas que exercem funções similares apresentam similaridade na estrutura primária e nos demais níveis de organização (Nelson; Cox, 2014; Harvey; Ferrier, 2012).

Dentre os vinte aminoácidos que formam as proteínas, existem aqueles que são considerados essenciais, uma vez que o organismo não consegue sintetizá-los, dessa forma, eles precisam estar presentes na alimentação. São eles: valina, lisina, treonina, leucina, isoleucina, triptofano, fenilalanina e metionina (Palermo, 2014).

b. Estrutura secundária

O segundo nível de organização da estrutura proteica caracteriza-se por interações fracas entre aminoácidos próximos na cadeia polipeptídica, o que causa pequenas dobras (ou uma estrutura helicoidal) na cadeia chamadas de *folhas-β* e *hélices-α*, todas mantidas por ligações de hidrogênios entre os aminoácidos. A proporção de folhas-β e hélices-α em uma proteína é bastante variada, e pode ainda haver proteínas que apresentam apenas folhas-β e/ou apenas hélices-α (Marzzoco; Torres, 2011; Palermo, 2014; Harvey; Ferrier, 2012). As ligações de hidrogênio apresentam característica eletrostática e, por isso, são fracas, podendo ser rompidas por aumento da temperatura e variação de pH. Entretanto, o grande número dessas ligações fracas torna a estrutura proteica estável, tanto pela quantidade de ligações quanto pelo fato de raramente se desestabilizarem todas ao mesmo tempo (Nelson; Cox, 2014).

No caso das hélices-α, o esqueleto de resíduos de aminoácidos fica ao redor de um eixo imaginário desenhado longitudinalmente no centro da hélice, e as cadeias laterais dos resíduos dos aminoácidos se projetam para fora do esqueleto helicoidal. Por sua vez, as folhas-β se encontram em zigue-zague lado a lado, formando estruturas que parecem pregas (Nelson; Cox, 2014).

c. Estrutura terciária

A estrutura terciária é o arranjo espacial final da cadeia polipeptídica no qual as folhas-β e hélices-α se aproximam e interagem, gerando uma estrutura tridimensional. As cadeias laterais dos resíduos de aminoácidos projetam-se para fora e perpendicularmente ao eixo central da hélice e da folha (Palermo, 2014). Nessa estrutura, as características dos aminoácidos da estrutura primária são fundamentais, uma vez que os aminoácidos que estavam distantes na estrutura primária podem vir a se aproximar e interagir por ligações fracas (não covalentes), como ligações de hidrogênio, interações hidrofóbicas e interações iônicas, e ligações fortes (covalentes), de forma mais rara, como as ligações dissulfeto (Marzzoco; Torres, 2011; Nelson; Cox, 2014).

Nesse caso, os aminoácidos polares tendem a ficar nas extremidades da estrutura proteica, em contato com o solvente, que nos organismos vivos é a água. Dessa forma, esses aminoácidos podem interagir com a água por **ligações de hidrogênio**, que dão mais estabilidade à estrutura. As ligações de hidrogênio ocorrem entre um elemento eletronegativo (aceptor de elétrons, como flúor, nitrogênio ou oxigênio) e um átomo de hidrogênio ligado a outro átomo eletronegativo que não seja o carbono. Em contrapartida, aminoácidos apolares se encontram enterrados na estrutura proteica, longe do solvente, mantendo a estrutura firme por **interação hidrofóbica**, que resulta da força de expulsão das moléculas de água entre os resíduos apolares (Nelson; Cox, 2014; Voet; Voet; Pratt, 2008).

As cargas das cadeias laterais dos aminoácidos podem se repelir se forem iguais ou se atraírem se forem diferentes. Esse mecanismo de atração e repulsão determina a posição correta dos aminoácidos de forma que não haja pressão na estrutura tridimensional (Harvey; Ferrier, 2012). A interação entre aminoácidos carregados com cargas opostas gera um par iônico, ao que damos o nome de *ponte salina*, o que contribui para a aproximação das estruturas secundárias e para a estabilização da estrutura proteica enovelada (Nelson; Cox, 2014).

Figura 1.12 – Níveis da estrutura proteica

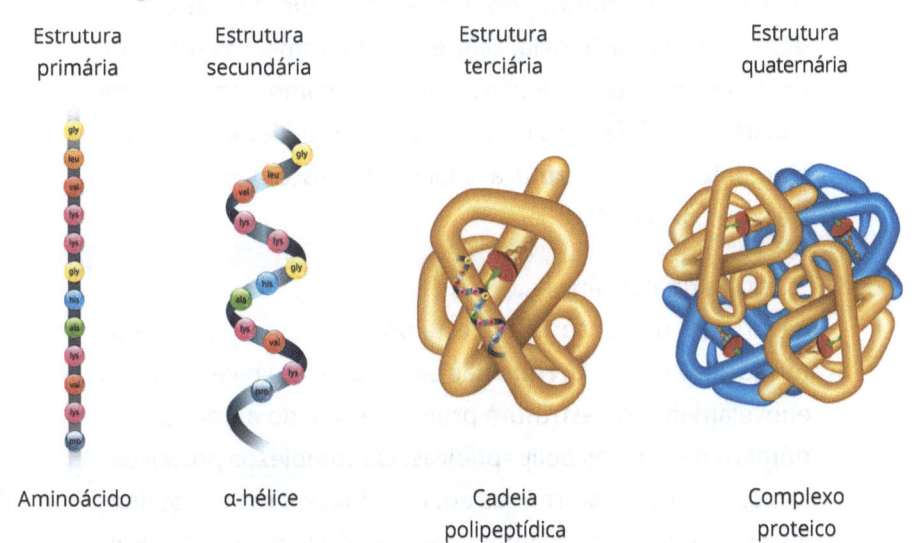

As proteínas, após a síntese, adquirem uma **conforma- ção** estável e funcional. Essa conformação consiste em um dobramento da cadeia de aminoácidos em níveis primário, secundário e terciário – conformação nativa da proteína. Algumas proteínas, a fim de se tornarem funcionais, buscam se associar, e essas associações são denominadas *estruturas quaternárias* (Marzzoco; Torres, 2011; Nelson; Cox, 2014; Harvey; Ferrier, 2012; Voet; Voet; Pratt, 2008).

Raras vezes, ocorrem as **ligações dissulfeto** entre átomos de enxofre da cadeia lateral de resíduos de aminoácidos de cisteína. A formação dessas ligações é um processo de oxidação causado por enzimas específicas. As pontes dissulfeto ocorrem, em maior parte, em proteínas que são excretadas das células, como o hormônio insulina e os anticorpos (Marzzoco; Torres, 2011; Nelson; Cox, 2014; Voet; Voet; Pratt, 2008). Embora o enovelamento das proteínas seja determinado pela estrutura primária, é a estrutura terciária que determina a função dela. Diferentes dobramentos refletem uma diversidade de funções biológicas, como transporte de substâncias, defesa do organismo, contratilidade, catálise e organização da estrutura celular (Marzzoco; Torres, 2011; Nelson; Cox, 2014).

d. Estrutura quaternária

A estrutura quaternária não está presente em todas as proteínas. Isso ocorre porque não se trata de um nível a mais de enovelamento da estrutura proteica, e sim do aumento do número de cadeias polipeptídicas. Os complexos proteicos são estruturas quaternárias em que duas ou mais proteínas iguais ou diferentes se unem para realizar uma função. Essa união pode se dar por qualquer uma das interações que mantêm a cadeia proteica organizada em uma estrutura terciária, porém, nesse caso, tais interações são feitas entre mais de uma cadeia polipeptídica (Marzzoco; Torres, 2011; Nelson; Cox, 2014).

As proteínas que formam a estrutura quaternária geralmente são inativas ou perdem parte da função quando isoladas (monômeros), o que reflete a importância da formação do complexo. Entre as proteínas que formam um complexo proteico, está a hemoglobina, constituída por quatro cadeias de proteínas que, juntas, garantem o transporte eficiente do oxigênio pela corrente sanguínea (Figura 1.13A). Já os anticorpos (Figura 1.13B) são proteínas que atuam no mecanismo de defesa do organismo marcando os antígenos para degradação. Essas proteínas são formadas por quatro cadeias (duas leves e duas pesadas) unidas por ligações dissulfeto, formando o complexo proteico. Caso as proteínas, tanto da hemoglobina quanto dos anticorpos, sejam separadas, sua funcionalidade decai, comprometendo o funcionamento do sistema em que atuam (Marzzoco; Torres, 2011; Nelson; Cox, 2014).

1.5.2.1 Proteínas conjugadas

As proteínas apresentam elementos não proteicos na própria composição; esses componentes, embora não proteicos, são essenciais para o funcionamento da proteína. Quando adicionados às cadeias polipeptídicas, são chamados de **grupos prostéticos** e apresentam natureza diversa, além de poderem se ligar à proteína de forma covalente ou não covalente.

Figura 1.13 – Estruturas quaternárias da hemoglobina (A) e do anticorpo (B)

A

B

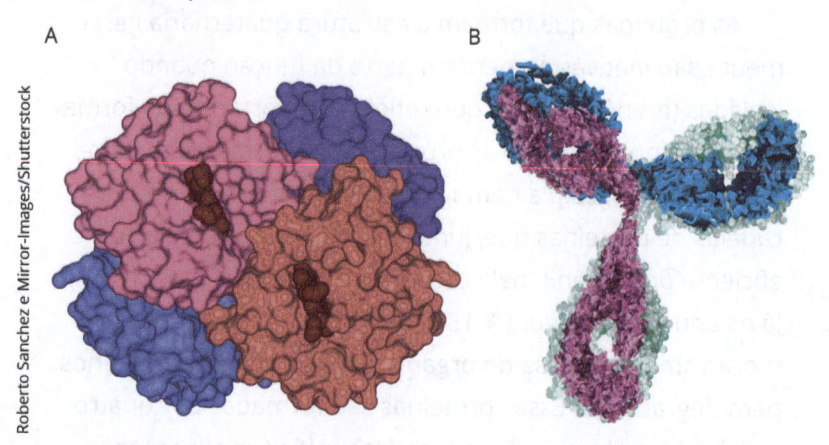

Roberto Sanchez e Mirror-Images/Shutterstock

Vale dizer que o complexo funcional somente se efetiva com a associação de mais de uma proteína. Ou seja, tanto a hemoglobina quanto os anticorpos são formados por quatro proteínas. A perda de qualquer uma delas compromete a função do complexo todo. Alguns exemplos de proteínas conjugadas são as glicoproteínas e as lipoproteínas, formadas pela ligação das proteínas a carboidratos e a lipídeos, respectivamente (Marzzoco; Torres, 2011).

1.5.3 Solubilidade

Como já é sabido, os aminoácidos apresentam cargas a depender do pH do meio onde se encontram. A soma das cargas desses aminoácidos resulta na carga elétrica total de uma proteína. O pH, em que a soma das cargas dos aminoácidos resultante é zero, denomina-se *ponto isoelétrico* (pI) da proteína, no qual o número de grupos ácidos desprotonados é igual ao número de grupos básicos protonados. Dessa forma, o pI reflete a proporção entre aminoácidos básicos e ácidos em sua composição (Marzzoco; Torres, 2011). Com base nesse raciocínio, é possível determinar que, em valor de pH menor que o pI, a proteína se encontra carregada positivamente e que, em valor de pH maior que o pI, a proteína se encontra carregada negativamente (Marzzoco; Torres, 2011; Nelson; Cox, 2014).

A concentração de sal de uma solução também influencia a solubilidade das proteínas. Poucas proteínas são solúveis em água pura, e o aumento na concentração de sal aumenta a solubilidade das proteínas. Isso se deve ao fato de que os íons (positivos e negativos) presentes na solução salina interagem com as cargas das proteínas, fenômeno que recebe o nome de *salting in*. Entretanto, a alta concentração de sal disponibiliza uma grande quantidade de soluto na solução e compete com as moléculas de água. Isso impede que as proteínas façam ligações de hidrogênio com a água, provocando a desestabilização e posterior precipitação das proteínas, fenômeno, por sua vez, chamado de *salting out*.

Gráfico 1.2 – Solubilidade das proteínas em *salting in* e *salting out*

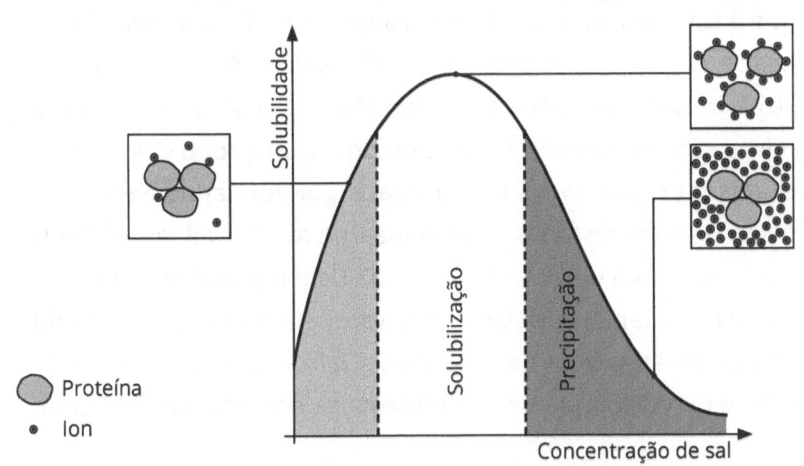

Nesse caso, a interação proteína-proteína torna-se mais forte do que a interação proteína-solvente, o que leva as proteínas a se agregarem e precipitarem (Marzzoco; Torres, 2011; Nelson; Cox, 2014; Voet; Voet; Pratt, 2008).

1.5.4 Estabilidade estrutural

A estrutura proteica, embora complexa, não é indestrutível. As ligações fracas mantêm a estrutura compactada e organizada para realizar sua função, porém, em razão de sua característica não covalente, elas são rompidas com a variação de pH e o aumento da temperatura. Quanto maior for o número de ligações dentro de uma cadeia polipeptídica, mais resistente será a proteína – no entanto, o aumento da temperatura leva ao rompimento dessas ligações, causando a desnaturação da proteína, ou seja, seu desenovelamento parcial ou completo (Marzzoco; Torres, 2011; Nelson; Cox, 2014; Voet; Voet; Pratt, 2008).

A perda da estrutura da proteína faz com que ela não exerça de forma efetiva a função que carrega. Ligações de hidrogênio, interações hidrofóbicas e pontes salinas são fundamentais para que a estrutura da proteína se mantenha em funcionamento, estrutura essa que recebe o nome de *nativa* (Marzzoco; Torres, 2011; Nelson; Cox, 2014; Voet; Voet; Pratt, 2008). Quando as proteínas são sintetizadas pelos ribossomos, um grupo delas – as chamadas *chaperonas* – é responsável por auxiliar no enovelamento correto de todas as proteínas, de forma rápida e eficiente. Por isso, após a desnaturação, a maioria das proteínas não é capaz de voltar a seu estado nativo sozinha, tornando-se definitivamente inativa (Alberts et al., 2017; Nelson; Cox, 2014). A variação de pH da solução onde a proteína se encontra altera a carga líquida das proteínas, afetando a ionização dos grupamentos delas, razão pela qual os grupos se repulsam e expõem o interior hidrofóbico. Esse rompimento das interações hidrofóbicas comprometem a manutenção da estrutura proteica, causando a desnaturação da proteína (Marzzoco; Torres, 2011; Nelson; Cox, 2014; Voet; Voet; Pratt, 2008).

1.5.5 Enzimas

Dentre as proteínas existe um grupo específico denominado *enzimas*, responsável pela realização das reações químicas dos organismos. Toda reação química consiste na conversão dos reagentes em produtos, o que depende de uma quantidade de energia. A **energia de ativação** é a quantidade de energia necessária para que os reagentes cheguem ao estado de transição e se tornem produtos. A quantidade de energia de ativação é específica para cada reação química. Muitas reações ocorreriam naturalmente nas células, porém, de forma espontânea, o fariam durante muito tempo ou haveria necessidade de grande quantidade de energia para tal – em ambos os casos a vida se tornaria inviável. Para suprimir essa dificuldade, as células desenvolveram moléculas catalisadoras chamadas de *enzimas*. Um *catalisador* pode ser definido como uma molécula ou substância que aumenta a velocidade de uma reação com o menor gasto de energia (Gráfico 1.3). Além disso, os catalisadores não são consumidos na reação, ou seja, eles podem ser reaproveitados para fazer uma nova reação sem perda de eficiência (Marzzoco; Torres, 2011; Nelson; Cox, 2014; Voet; Voet; Pratt, 2008).

Gráfico 1.3 – Energia utilizada em uma reação sem enzima (azul) e em uma reação com enzima catalisadora (vermelho) em função do progresso da reação

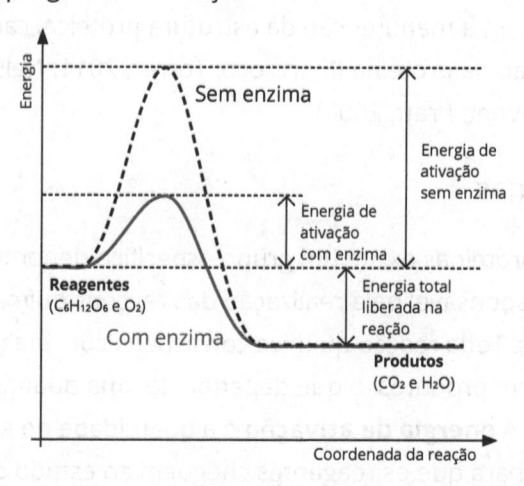

Fonte: ALEXG, 2007.

É importante lembrar que as enzimas, assim como todas as proteínas, são formadas por aminoácidos unidos por ligações peptídicas, tendo estrutura tridimensional mantida por ligações fracas. Nesse sentido, os efeitos observados em proteínas após o aumento da temperatura e a variação de pH também são observados nas enzimas (Harvey; Ferrier, 2012).

As reações realizadas pelas enzimas são chamadas de *catálises enzimáticas* e podem consistir na quebra, nas junções ou nas alterações das moléculas. As catálises enzimáticas ocorrem quando a enzima se liga à molécula sujeita à reação, chamada de *substrato*. Para que a reação ocorra, o substrato se junta à enzima em uma região específica, denominada *sítio ativo* (ou *sítio catalítico*). Uma vez que a enzima se liga ao substrato, ocorre a transformação deste em produto e há a liberação da enzima para uma nova reação (Marzzoco; Torres, 2011; Harvey; Ferrier, 2012). É importante frisar que as enzimas são altamente específicas e se ligam aos substratos que são compatíveis com o sítio ativo. O substrato deve ser complementar ao sítio ativo em tamanho, formato, polaridade e carga, mecanismo conhecido como *sistema de chave e fechadura* (Figura 1.14).

Figura 1.14 – Esquema da interação enzima-substrato

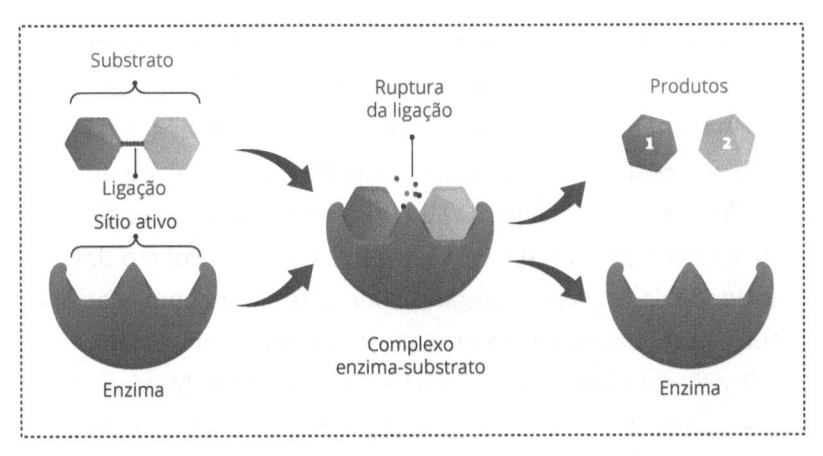

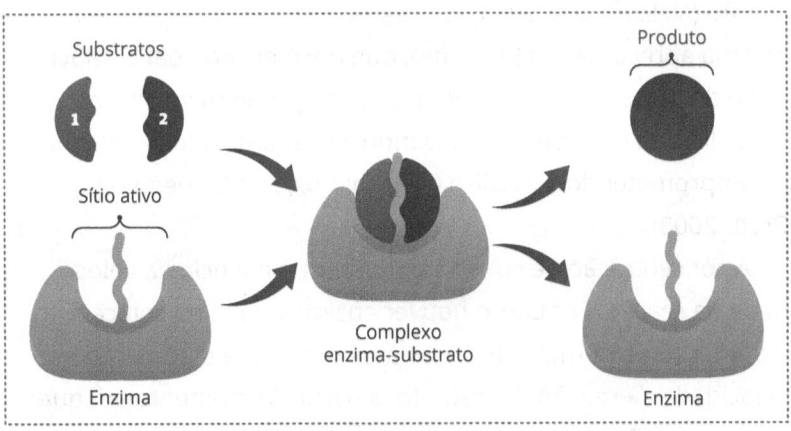

O mecanismo de interação depende das características complementares do sítio ativo da enzima e do substrato. Qualquer alteração no substrato ou no sítio ativo, por mutações ou fatores externos, compromete a eficiência da catálise enzimática, podendo reduzir o número de produtos ou até mesmo bloquear a catálise (Nelson; Cox, 2014; Voet; Voet; Pratt, 2008).

1.5.5.1 Cinética enzimática

As enzimas encontram-se em diferentes regiões do corpo dos seres vivos bem como no ambiente. Elas são adaptadas para trabalhar em temperatura e pH ótimos. Tais condições garantem o enovelamento correto das enzimas e, por consequência, a funcionalidade delas. O aumento da temperatura, pelo fornecimento de mais energia à enzima, leva ao aumento da velocidade da catálise. Entretanto, por se tratar de uma proteína, o aumento excessivo da temperatura provoca o rompimento das ligações de hidrogênio e das interações hidrofóbicas, o que leva à desnaturação da enzima e à queda na velocidade da reação (Nelson; Cox, 2014). O mesmo ocorre com o pH. Cada enzima apresenta um pH ótimo, que é aquele no qual a velocidade de catálise é a maior. Variações no pH do meio alteram a carga líquida da proteína, causando a desnaturação da enzima e comprometendo a catálise (Nelson; Cox, 2014; Voet; Voet; Pratt, 2008).

A concentração de substrato também influencia na velocidade da reação. Enquanto houver enzimas livres na solução, o aumento do número de substratos provocará o aumento na velocidade da reação. Entretanto, a partir do momento em que a concentração de substrato for superior à concentração de enzimas, a velocidade da reação não aumentará, atingindo a velocidade máxima (V_{max}), que forma um platô (Gráfico 1.4). Isso ocorre porque todas as enzimas estão ocupadas realizando a catálise e porque é preciso liberar um produto a fim de capturar um novo substrato para realizar uma nova reação. Em uma solução hipotética que tenha cem enzimas, a velocidade da reação será cem reações por vez – ainda que haja mais substratos, se houver apenas cem enzimas, elas farão as reações de cem substratos por vez (Marzzoco; Torres, 2011; Nelson; Cox, 2014; Voet; Voet; Pratt, 2008). A concentração de substrato necessária para que se atinja metade da velocidade máxima da reação (1/2 V_{max}) é conhecida como *constante de Michaelis* (K_m) (Nelson; Cox, 2014; Voet; Voet; Pratt, 2008).

Gráfico 1.4 – Velocidade da catálise enzimática em função do aumento do substrato

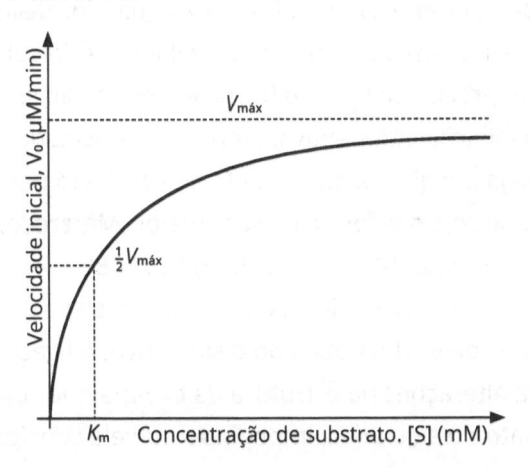

Fonte: Nelson; Cox, 2014, p. 201.

As enzimas, quando estão livres, ou seja, não associadas ao substrato, são chamadas de *apoenzimas*; quando se ligam ao substrato precisam, muitas vezes, de uma molécula adicional chamada de *coenzima* ou *cofator*, que tem como objetivo facilitar a interação enzima-substrato. Essa coenzima pode ser uma vitamina ou um composto derivado de uma vitamina que permite modificar o sítio ativo, possibilitando a ligação entre a enzima e o substrato. Assim, quando a enzima está associada à coenzima, a fim de se ligar ao substrato recebe o nome de *holoenzima*.

1.5.5.2 Inibição enzimática

Algumas substâncias são inibidoras da cinética enzimática. Essa inibição pode ser competitiva ou não competitiva. A inibição competitiva ocorre quando o inibidor compete com o substrato pelo sítio ativo da enzima. Nesse caso, uma vez que a enzima estiver ligada ao substrato, a reação acontecerá, mas, se a enzima se ligar ao inibidor, ela ficará bloqueada, impossibilitada, portanto, de realizar a catálise. Por isso, o inibidor deve apresentar características físicas e químicas similares às do substrato, uma vez que precisa se ligar de forma específica ao sítio ativo da enzima. Na inibição competitiva, embora a velocidade máxima da reação seja atingida, a quantidade de substrato necessária será maior, ou seja o valor de K_m será maior (Marzzoco; Torres, 2011; Nelson; Cox, 2014; Voet; Voet; Pratt, 2008).

Na inibição não competitiva, o inibidor é capaz de se ligar a outras regiões da enzima que não o sítio ativo. A ligação do inibidor provoca alterações na estrutura da enzima que comprometem o formato do sítio ativo, impedindo que ela consiga se ligar ao substrato, razão pela qual a reação não ocorre. Uma vantagem da inibição não competitiva é que o inibidor pode se ligar tanto à apoenzima quanto à holoenzima. Em ambos os casos o inibidor compromete a reação, havendo, dessa forma, diminuição da velocidade máxima da reação sem que haja alteração do K_m (Nelson; Cox, 2014).

1.8 Vitaminas

As vitaminas são moléculas orgânicas que devemos consumir em pequenas quantidades para manter o funcionamento do organismo. Elas participam de diversas funções no nosso organismo, como proteção, estrutura, cicatrização e liberação de energia. A solubilidade das vitaminas depende do critério de classificação. Vitaminas polares são hidrossolúveis, ao passo que vitaminas apolares são lipossolúveis (Leite, 2005).

Vitaminas hidrossolúveis (complexo B e vitamina C) estão dissolvidas nas partes aquosas de frutas, vegetais e grãos, o que permite absorção direta dessas moléculas e o transporte livre delas no plasma sanguíneo (circulam, portanto, livremente pelo corpo). Entretanto, essa solubilidade no plasma também permite uma eliminação rápida dessas vitaminas pelo rim, o que torna necessária a ingestão frequente delas (Leite, 2005; Palermo, 2014). Por outro lado, as vitaminas lipossolúveis (A, D, E e K) são dissolvidas em lipídeos e, durante a digestão, emulsificadas pela bile. Após serem absorvidas, as vitaminas lipossolúveis não podem ser transportadas livremente no plasma em razão do caráter apolar delas, uma vez que o plasma é rico em água. Dessa forma, essas vitaminas são transportadas por lipoproteínas, que também são responsáveis pelo transporte de lipídeos. As vitaminas lipossolúveis podem ser armazenadas no organismo no fígado e no tecido adiposo, razão pela qual é necessário controlar sua ingestão, visto que o corpo pode estocar grande quantidade dessas vitaminas (Leite, 2005; Nelson; Cox, 2014). Cada vitamina apresenta uma função essencial no organismo, o que garante seu funcionamento correto (Quadro 1.1).

Quadro 1.1 – Vitaminas essenciais para o funcionamento dos organismos vivos –funções, efeitos da deficiência e principais fontes de cada uma delas

Vitamina	Função bioquímica	Sintomas de carência	Fontes principais
A (Retinol)	Acuidade visual Crescimento e diferenciação de tecidos Antioxidantes (como betacaroteno)	Xeroftalmia Cegueira noturna	Vegetais amarelos e laranjas, como cenoura e pimentão Óleo de peixe
D (Colecalciferol)	Absorção de cálcio Diferenciação de macrófagos	Raquitismo Deficiência imunológica	Carne, frutos do mar, óleos vegetais e de peixe Síntese pela pele a partir da luz solar
E (Tocoferol)	Antioxidante	Anemia homolítica Neuropatia central ou periférica Miopatia Aumento no risco de aterosclerose e algumas neoplasias	Óleos vegetais
K (Menadiona)	Coagulação	Distúrbios hemorrágicos Calcificação óssea	Vegetais verdes Fígado, microbiota intestinal
B1 (Tiamina)	Metabolismo de carboidratos e gorduras Síntese de acetil-CoA	Beribéri, microcardiopatia, neuropatia Deficiência imunológica	Germes de cereais Leveduras
B2 (Riboflavina)	Metabolismo oxidativo Síntese da coenzima FAD^+	Lesões em lábio, línguas e pele Possível deficiência imunológica	Fígado, leite, ovos Vegetais
B3 (Niacina)	Síntese das coenzimas NAD^+ e $NADP^+$	Pelagra, *rash*, adinamia, diarreia	Carne, peixe, cereais, leveduras Triptofano
B6 (Piridoxina)	Metabolismo de aminoácidos Formação de piridoxal-fosfato	Anemina Lesões de lábios e língua Síndrome do túnel do carpo	Fígado Cereais integrais
B7 (Biotina)	Lipogênese e gliconeogênese	Dermatite esfoliativa, alopecia	Maior parte dos alimentos Bactérias intestinais
B9 (Ácido Fólico)	Metabolismo de purinas e pirimidinas	Anemia megaloblástica Retardo de crescimento Pancitopenia Metaplasia de brônquio e cólon Defeitos do tubo neural do feto	Fígado Vegetais verdes
B12 (Cobalamina)	Metabolismo do DNA	Anemia megaloblástica Desmielinização de neurônios	Produtos de origem animal
C	Síntese de colágeno Antioxidante Absorção de ferro	Escorbuto Retardo na cicatrização de feridas	Frutas cítricas

Fonte: Leite, 2005, p. 215.

A carência de vitamina, conhecida como *hipovitaminose*, compromete funções importantes dos seres vivos, como o metabolismo energético, a coagulação, a acuidade visual, a absorção de nutrientes, o que leva a doenças. Em contrapartida, o excesso de vitaminas, ou *hipervitaminose*, também é prejudicial ao organismo, uma vez que gera um nível de toxidade que também compromete o funcionamento do sistema – nesse caso, maior atenção deve ser dada às vitaminas lipossolúveis, em razão da capacidade que têm de serem armazenadas e acumuladas nos organismos (Leite, 2005).

Síntese

Atividades de autoavaliação

1. Para responder à questão, analise a seguinte figura:

Molécula de sacarose

Sobre essa molécula, é correto afirmar que é formada por:

(A) duas moléculas de frutose.

(B) uma molécula de α-glicose e outra de β-glicose.

(C) duas moléculas de glicose.

(D) uma molécula de glicose e outra de frutose.

(E) uma molécula de frutose e outra de sacarose.

2. Os polissacarídeos são formados de monossacarídeos que podem se ligar de maneiras diferentes entre si, gerando diferentes conformações e estruturas de carboidratos. As ligações glicosídicas do tipo α são bem diferentes das ligações do tipo β, o que se reflete na capacidade de digestão dos polissacarídeos que as contêm.

Assinale, a seguir, a alternativa em que consta um polissacarídeo com ligação do tipo β e outro do tipo α, respectivamente.

(A) Celulose e glicose.

(B) Glicose e amido.

(C) Glicogênio e galactose.

(D) Amido e celulose.

(E) Celulose e glicogênio.

3. Três irmãos, Marina, Julia e Luís, acordam cedo para ir à escola e tomam café juntos. Marina não dispensa o leite pela manhã; Julia gosta de frutas; e Luís faz um lanche de pão. Isso lhes garante energia até o recreio. Sobre a alimentação dos irmãos, é correto afirmar que gostam de ingerir pela manhã, respectivamente:

A monossacarídeo, polissacarídeo e polissacarídeo.

B dissacarídeo, polissacarídeo e dissacarídeo.

C dissacarídeo, dissacarídeo e polissacarídeo.

D dissacarídeo, monossacarídeo e polissacarídeo.

E polissacarídeo, monossacarídeo e dissacarídeo.

4. Considere a manteiga e o azeite. Ambos são lipídeos em cuja composição apresentam triacilglicerol. Sobre as moléculas de triacilglicerol, analise as assertivas a seguir e a relação entre elas.

I) São a principal reserva lipídica e se formam por uma molécula de glicerol ligada a três moléculas de ácido graxo.

porque

II) Compõem as membranas celulares, formando barreiras para substâncias que entram e saem da célula.

Com base no exposto, podemos afirmar:

A As asserções I e II são proposições verdadeiras, e a II é uma justificativa correta da I.

B As asserções I e II são proposições verdadeiras, mas a II não é uma justificativa correta da I.

C A asserção I é uma proposição verdadeira e a II é uma proposição falsa.

D A asserção I é uma proposição falsa e a II é uma proposição verdadeira.

E As asserções I e II são proposições falsas.

5. A alta ingestão de lipídeos sempre foi associada ao desenvolvimento de doenças do sistema cardiovascular. Em razão disso, muitas pessoas reduzem drasticamente o consumo desse importante macronutriente sem saber, muitas vezes, que ele é parte fundamental dos tecidos vivos e de diferentes etapas de nosso metabolismo.

Em nosso organismo, podemos encontrar lipídeos com papel estrutural e também regulatório, respectivamente:

A nas membranas plasmáticas e nos hormônios.

B na matriz óssea e nos adipócitos.

C na bainha de mielina (neurônios) e no sangue (colesterol).

D no citoplasma e no núcleo das células.

E nos dentes e no músculo cardíaco.

6. Os aminoácidos que compõem as proteínas apresentam características individuais que determinam suas cargas, seu formato e sua hidrofobicidade com base na cadeia R. Com isso, aminoácidos diferentes se encontram em regiões diferentes da estrutura proteica. Assinale a alternativa que melhor representa essa afirmativa:

A Aminoácidos hidrofóbicos se encontram mais próximos do solvente.

B Aminoácidos básicos só estão presentes em proteínas que atuam em pH ácido.

C Aminoácidos apolares se encontram enterrados na estrutura, longe do solvente (água).

D Aminoácidos hidrofílicos se encontram enterrados na estrutura, longe do solvente (água).

E Aminoácidos polares se encontram mais distante do solvente (água).

7. Sobre o comportamento das proteínas diante de uma grande variação de temperatura, marque a alternativa correta:

A As proteínas são extremamente resistentes à variação de temperatura porque apresentam aminoácidos com cadeia lateral específicos para essa resistência.

B As proteínas ganham maior estabilidade com o aumento da temperatura, em razão da qual realizam suas funções mais rapidamente.

C O aumento da temperatura desnatura as proteínas graças ao rompimento das ligações de hidrogênio, o que faz com que elas percam sua função.

D O aumento da temperatura causa rompimento das ligações peptídicas, fazendo com que a proteínas desnaturem e percam a função.

E Os aminoácidos tendem a ficar mais próximos com o aumento da temperatura, intensificando as ligações dissulfeto e aumentando a velocidade da função da proteína.

8. Considere as afirmações sobre enzimas:

I) Enzimas são proteínas com função catalisador

II) Cada enzima pode atuar quimicamente em diferentes substrato

III) Enzimas continuam quimicamente intactas após a reação

IV) As enzimas não se alteram com as modificações da temperatura e do pH do meio.

São verdadeiras:

A) I e III, apenas.
B) II e IV, apenas.
C) I, III e IV, apenas.
D) II, III e IV, apenas.
E) I, II, III e IV.

9. Ao tomar uma grande dose de vitamina A, uma pessoa pode suprir suas necessidades por vários dias. Porém, se fizer o mesmo com a vitamina C, não haverá o mesmo efeito, razão pela qual será necessário realizar reposições diárias dessa vitamina. A diferença na forma de administração se deve ao fato de:

A) a vitamina A ser necessária em menor quantidade.
B) a vitamina A ser sintetizada no próprio organismo.
C) a vitamina C ser mais importante para o organismo.
D) a vitamina C fornecer energia para as reações metabólicas.
E) a vitamina A ser lipossolúvel e ficar armazenada no fígado.

10. As navegações europeias duraram séculos e, graças a elas, muitas terras, incluindo o Brasil, foram descobertas e colonizadas. Nesse período – entre o século XIII e o século XIX –, muitos marinheiros morreram das mais diversas doenças nos navios em razão da precariedade da viagem e da má alimentação. Veja a seguir um trecho da carta que trata sobre a situação do exército de Luís IX no fim da sétima cruzada (1248-1254), quando o exército enfraquecido foi destruído pelos egípicios.

"por um azar, junto com a insalubridade do país, onde nunca cai uma gota de chuva, fomos acometidos pela "doença", que era tal que toda a carne de nossos braços murchou, e a pele de nossas pernas ficou com manchas escuras, com pedaços bolorentos, como uma bota velha; e uma carne esponjosa surgiu nas gengivas daqueles que pegaram a doença, e ninguém escapou dela, indo direto para as garras da morte. O sinal era o seguinte: quando o nariz começava a sangrar, então a morte estava próxima". (Memórias do Lorde de Joinville, 1300 d.C., citado por Nelson; Cox, 2014, p. 214)

Com base nas descrições do fragmento, assinale a alternativa que apresenta a doença que acometeu os marinheiros e a correta descrição dos sintomas:

A Beribéri. A falta de tiamina leva à perda da força muscular que, por sua vez, leva ao sangramento dos tecidos.

B Escorbuto. A carência de vitamina C compromete a produção do colágeno, deixando o tecido conjuntivo sensível a sangramento.

C Problemas de coagulação em razão de carência de vitamina K. Feridas e machucados não são devidamente cicatrizados com falta de vitamina K.

D Xeroftalmia. Baixos níveis de vitamina A causam a cegueira noturna que pode levar a sangramentos nos olhos e na boca.

E Pelagra. A ausência de niacina compromete a produção de energia das proteínas do sangue, causando o sangramento de feridas e gengivas.

Atividades de aprendizagem

Questões para reflexãos

1. Laura e Beatriz, após terem ingerido lactose, fizeram exames de glicemia, cujos resultados, mostrados no gráfico seguinte, foram bem diferentes para cada uma delas. Para uma das meninas, foi apontado uma possível intolerância à lactose. Qual das duas garotas teria a intolerância? Explique.

Concentração de glicose plasmática após a ingestão de lactose

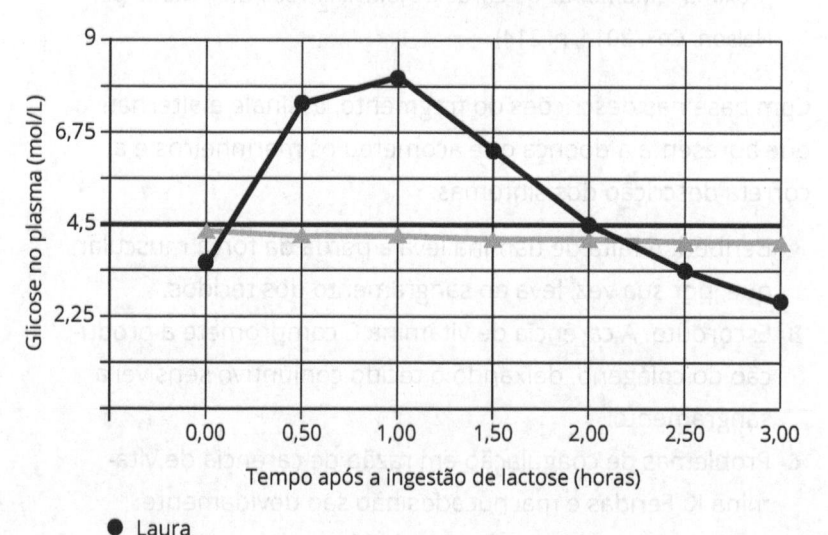

- ● Laura
- ▲ Beatriz

2. Foi montado um experimento para avaliar o efeito da temperatura sobre a catalase, uma enzima encontrada nas células hepáticas **humanas**, que catalisa a degradação das moléculas de H_2O_2 em água e gás oxigênio na temperatura corporal na qual a atividade da enzima é máxima e a produção de gás oxigênio também. Quatro tubos de ensaio rotulados, cada um dos quais contém quantidades similares de catálise e

2 mL de H_2O_2, foram incubados em diferentes temperaturas: 5 °C, 20 °C, 37 °C e 70 °C. Durante o experimento, um aluno esqueceu de marcar a temperatura de cada um dos tubos.

Amostras de H_2O_2 contendo a enzima catalase

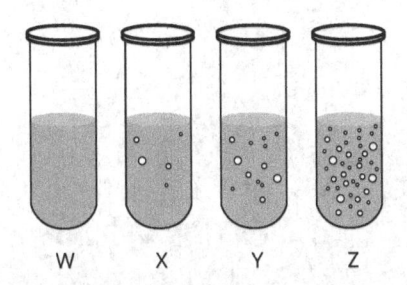

W   X   Y   Z

A Observe os resultados do experimento e indique quais são as possíveis temperaturas de cada um dos tubos baseando-se na produção de gás oxigênio de cada amostra. Justifique suas escolhas.

B Sabe-se que quaisquer íons metálicos [em especial cobre (II) e ferro (II)] podem agir como inibidores não competitivos da catalase, ao passo que os venenos cianeto e curare são seus inibidores competitivos. Diferencie os dois tipos de inibição quanto à interação com a enzima e a velocidade máxima da reação.

Atividade aplicada: prática

1. Esquematize a estrutura dos ácidos graxos a seguir, classifique-os quanto à presença de insturações e dê a nomenclatura ω quando houver:

A 20:2 $\Delta^{15,18}$

B 14:0

C 26:3 $\Delta^{17, 20, 23}$

CAPÍTULO 2

METABOLISMO DE CARBOIDRATOS,

Antes de tratarmos especificamente das transformações pelas quais passam os carboidratos no organismo, vamos introduzir o conceito de **metabolismo**, que abrange os processos de toda molécula e suas respectivas substâncias.

2.1 Metabolismo

O metabolismo é didaticamente dividido em duas fases: catabólica e anabólica. É importante lembrar que, embora ambas as etapas estejam continuamente ativas nos organismos, de acordo com a necessidade, uma torna-se mais operante que a outra, ou seja, uma gera um fluxo de produtos maior que a outra (Palermo, 2014).

A fase anabólica, que ocorre quando o indivíduo está alimentado, é responsável pelo armazenamento de substâncias e pela síntese dos estoques de nutrientes, como o glicogênio, que armazena glicose no fígado e músculos, o triacilglicerol no tecido adiposo e as proteínas que compõem os músculos (Marzzoco; Torres, 2011; Nelson; Cox, 2014). A fase catabólica, por outro lado, característica do momento de jejum, consiste na quebra dos estoques justamente para disponibilizar nutrientes para o organismo produzir energia ou manter a normoglicemia (Palermo, 2014). A manutenção equilibrada do funcionamento dessas fases é realizada por mecanismo hormonal e se concentra basicamente em dois hormônios antagônicos produzidos pelo pâncreas: a insulina (anabólica) e o glucagon (catabólico) (Marzzoco; Torres, 2011; Nelson; Cox, 2014; Palermo, 2014).

2.2 Transformações dos carboidratos

Os carboidratos estão presentes em grande quantidade no ambiente e são a principal fonte de energia para os organismos. São produzidos na natureza principalmente pelos organismos autotróficos fotossintetizantes, como os vegetais, com uso de gás carbônico (CO_2), água (H_2O) e luz solar. Os raios ultravioleta realizam a hidrólise da água para ceder hidrogênios, enquanto as moléculas de CO_2 são unidas a eles e organizadas para formar a glicose ($C_6H_{12}O_6$). O gás oxigênio (O_2) resultante é utilizado para a respiração celular nas mitocôndrias das células vegetais ou liberado na atmosfera. Os organismos incapazes de produzir a glicose por compostos inorgânicos são chamados de *heterótrofos* e se alimentam de vegetais ou outros organismos para a obtenção de nutrientes como a glicose (Nelson; Cox, 2014).

Após a ingestão de carboidratos e depois da digestão deles no sistema digestório em monossacarídeos (principalmente de glicose), estes atravessam a parede do intestino e são lançados na corrente sanguínea para serem absorvidos pelas células. Nesse contexto, a glicose passa a ocupar a posição central do metabolismo da grande maioria dos seres vivos, e sua alta energia potencial permite que seja um excelente combustível a partir da sua oxidação. Além disso, a glicose é a molécula precursora de diversas outras moléculas, gerando uma infinidade de outros metabólitos intermediários de moléculas importantes ao organismo (Nelson; Cox, 2014). Quando em grande quantidade, a glicose pode ser armazenada na forma de glicogênio nas células hepáticas, musculares e renais, ou na forma de triacilglicerol no tecido adiposo. Esses estoques têm mecanismos distintos de liberação de glicose, mas, de maneira geral, são consumidos durante o jejum curto ou prolongado e durante a atividade física (Marzzoco; Torres, 2011; Nelson; Cox, 2014; Palermo, 2014; Harvey; Ferrier, 2012).

A captação de glicose no sangue depende de um hormônio proteico produzido pelo pâncreas chamado de *insulina*. Com a alta concentração de glicose no plasma (hiperglicemia), as células β do pâncreas são ativadas a secretar insulina no sangue. As células do organismo apresentam um receptor de insulina que, ao entrar em contato com o hormônio, ativa uma cascata de reação no citoplasma celular, que transloca uma vesícula que contém transportadores de glicose chamados de GLUT4 até a membrana plasmática. Essa vesícula se funde à membrana plasmática e expõe os transportadores que farão a captação e a internalização da glicose. A internalização da glicose pelos GLUT4 resulta na diminuição da glicemia em virtude da absorção de glicose pelas células. Por essa razão, conforme a glicemia tende a voltar ao normal, a liberação de insulina diminui e os GLUT4 retornam ao interior das vesículas no citoplasma da célula. Células do sistema nervoso, dos rins e as hemácias são capazes de captar glicose da corrente sanguínea sem a necessidade de insulina por apresentarem transportadores de glicose constantemente em suas membranas. Isso ocorre em razão da importância dessas células para os seres vivos na transmissão de impulsos nervosos, na eliminação de toxinas do sangue e no transporte de oxigênio (Harvey; Ferrier, 2012).

Importante!

O *diabetes mellitus* é uma condição em razão da qual a pessoa apresenta alta concentração de glicose no sangue, mesmo em período de jejum. Existem dois tipos de diabetes:

- O diabetes tipo I, em decorrência do qual o indivíduo não produz insulina ou a produz com falhas, de forma que ela não se liga ao receptor nas células. Sem a sinalização da insulina nas células, os GLUT4 não migram para a membrana plasmática para fazer a captação de glicose. Uma vez que é uma condição hereditária, os indivíduos que se acometem dela são insulinodependentes por necessitarem de injeção de insulina para suprir a falta do hormônio no organismo.
- O diabetes tipo II, adquirido, é causado por fatores que contribuem para um processo inflamatório no organismo, como má alimentação, sedentarismo, tabagismo e estresse. Consiste no bloqueio da ação da insulina. Os indivíduos desse tipo, chamados de *insulinorresistentes*, produzem insulina normalmente, mas ela não funciona corretamente porque o processo inflamatório atrapalha a ligação com o receptor na membrana das células. Nesse caso, a reeducação alimentar e a melhora nos hábitos de vida são essenciais para a reversão dos processos inflamatórios (Marzzoco; Torres, 2011; Nelson; Cox, 2014; Palermo, 2014; Harvey; Ferrier, 2012).

Hábitos pouco saudáveis contribuem para o avanço do *diabetes mellitus*, podendo levar a complicações (Figura 2.1), como: hipertensão arterial, que pode se agravar para outras doenças cardiovasculares; retinopatia, que pode levar à cegueira; e até mesmo neuropatia periférica, que consiste no comprometimento dos nervos periféricos, reduzindo a sensibilidade e a precisão dos movimentos (Fonseca; Rached, 2019). O acúmulo de glicose gera mau funcionamento do organismo, o que, por sua vez, causa reações em curto e longo prazos. Hábitos saudáveis e realização de atividade física são ações que reduzem os sintomas aqui descritos.

Figura 2.1 – Complicações do *diabetes mellitus*

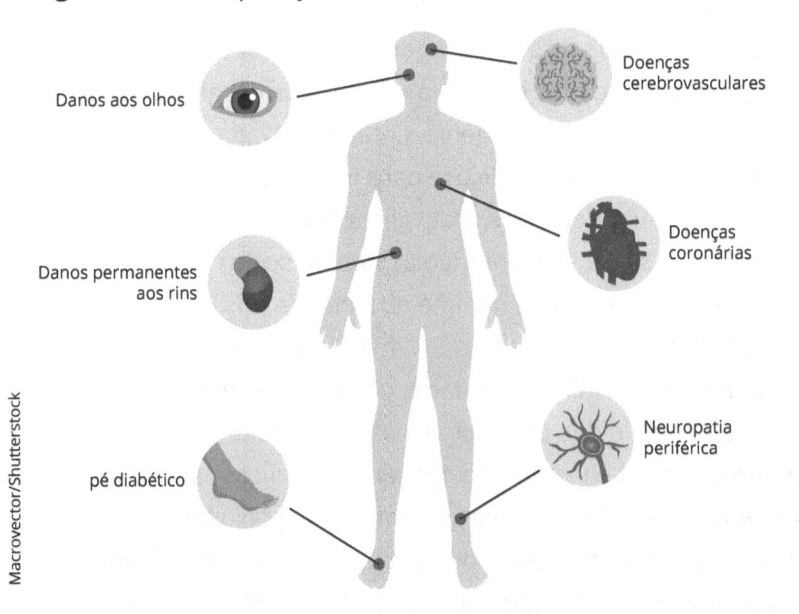

Danos aos olhos

Doenças cerebrovasculares

Danos permanentes aos rins

Doenças coronárias

Neuropatia periférica

pé diabético

Uma vez dentro da célula após as refeições, a glicose pode seguir alguns destinos de acordo com a disponibilidade dela no organismo e da necessidade deste. A via mais utilizada é a **glicólise**, ou *via glicolítica*, que consiste na quebra da molécula de glicose para a produção de energia na forma de ATP (adenosina trifosfato) e moléculas de piruvato. Esse processo não necessita de oxigênio para acontecer e ocorre no citoplasma das células, fornecendo pequena quantidade de energia para a célula de forma rápida e eficiente. Uma pequena parte das moléculas de glicose tende a seguir a **via das pentoses-fosfato** (Figura 2.2) de acordo com a necessidade do organismo, processo em que a glicose é usada para a produção de outros carboidratos, como a ribose – utilizada na composição de moléculas de ácidos nucleicos como DNA e RNA –, e moléculas de NADPH (fosfato de dinucleotídeo de adenina e nicotinamida), que são necessárias para diversas reações de redução (Nelson; Cox, 2014).

Se a quantidade de glicose ingerida for maior que a necessária para as atividades basais da célula, ocorre a **glicogênese**, via pela qual a enzima glicogênio-sintase é ativada com a função de unir moléculas de glicose para formar um polímero de reserva chamado de *glicogênio*. O glicogênio fica armazenado no fígado (entre 80 g e 90 g em média), nos músculos (entre 300 g e 400 g em média) e uma mínima quantidade nos rins (Cyrino; Zucas, 1999; Marzzoco; Torres, 2011; Nelson; Cox, 2014). Como o estoque de glicogênio é limitado, o excesso de glicose deve ser convertido em lipídeo para ser armazenado no tecido adiposo em um processo chamado de *lipogênese*. A glicose segue por diferentes vias até ser convertida em ácidos graxos e glcerol; e a enzima esterase une três ácidos graxos a uma molécula de glicerol para formar o triacilglicerol, que será mantido nos adipócitos como reserva energética (Marzzoco; Torres, 2011; Nelson; Cox, 2014; Palermo, 2014; Harvey; Ferrier, 2012).

Durante o jejum, o nível de glicose plasmática tende a baixar, levando à hipoglicemia, o que estimula as células α do pâncreas a liberarem o hormônio glucagon, que apresenta efeito antagônico ao da insulina. O glucagon estimula a quebra dos estoques de nutrientes nas células para disponibilizar a glicose no sangue, mantendo a normoglicemia. Nos hepatócitos e nos músculos, o glucagon estimula a **glicogenólise**, ou seja, a quebra do glicogênio para disponibilizar glicose para o plasma, no caso do fígado, e para a contração muscular, no caso dos músculos. No tecido adiposo, o glucagon estimula a **lipólise** por uma cascata de reações que provoca a quebra do triacilglicerol em glicerol e ácido graxo, que servirão de combustível para a célula. Além de fonte de energia, os estoques são utilizados para a produção de glicose com o objetivo de manter a normoglicemia para aquelas tecidos que são independentes de insulina. Nesse caso, lactato, piruvato, glicerol, ácidos graxos e alguns aminoácidos podem ser convertidos em glicose por uma via chamada de **gliconeogênese** (Marzzoco; Torres, 2011; Nelson; Cox, 2014; Palermo, 2014; Harvey; Ferrier, 2012).

Figura 2.2 – Via da pentose-fosfato

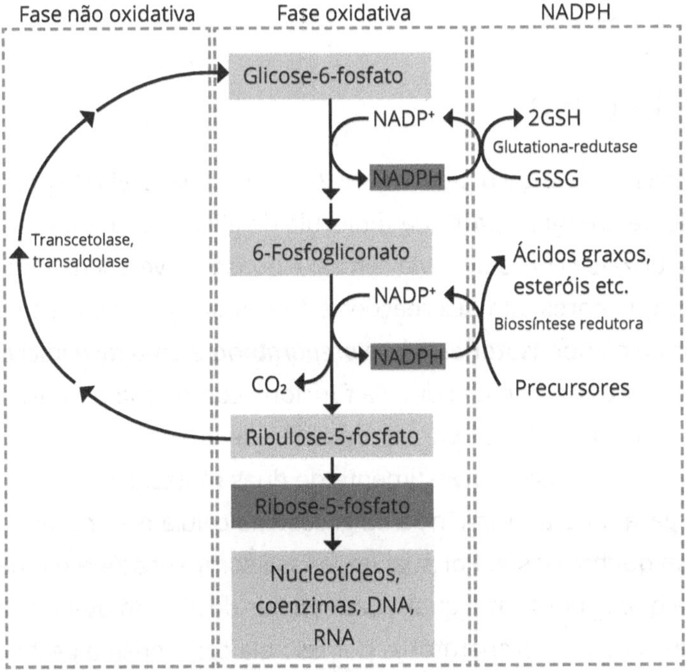

Fonte: Nelson, Cox, 2014, p. 575.

A glicólise pode ser utilizada para a síntese de outros monossacarídeos necessários para a célula. A coenzima fosfato de dinucleotídeo de adenina e nicotinamida (NADP) é reduzida a fim de que a biossíntese possa ocorrer. A adrenalina também apresenta efeito catabólico, sinalizando a glicogenólise muscular para disponibilização de glicose em situação de fuga e luta, cuja demanda de energia é alta. Por causa dessa imprevisível necessidade, o glicogênio muscular não mantém a normoglicemia, sendo utilizado apenas para a manutenção da contração muscular, como estratégia evolutiva para que o organismo não fique sem energia em uma situação de perigo (Marzzoco; Torres, 2011; Nelson; Cox, 2014).

2.3 Glicólise

A glicólise ou via glicolítica (Figura 2.3) é a primeira via de produção de energia a partir da molécula de glicose e, por isso, caracteriza-se como uma via central – quase universal na natureza – que apresenta dez reações e é dividida nas fases preparatória e compensatória. A fase *preparatória* é uma fase inicial e, como o próprio nome já diz, ela funciona como uma preparação da molécula de glicose para a produção de energia. Para isso, ocorre, nessa fase, o investimento de duas moléculas de ATP para garantir a permanência da glicose na célula e a preparação da quebra desta. Por sua vez, a fase compensatória é uma etapa que produz uma quantidade maior de ATP do que a que foi gasta na fase preparatória, por isso ela compensa o gasto da fase anterior. Ao longo das reações, ocorre a redução de coenzimas, como NAD^+ (dinocluetídeo de adenina e nicotinamida), que serão responsáveis pela produção de mais moléculas de ATP na cadeia respiratória (Marzzoco; Torres; Voet; Voet; Pratt, 2008).

2.3.1 Fase preparatória

Na fase preparatória da glicólise, a primeira reação é irreversível e consiste na fosforilação da glicose no carbono de número 6. A molécula de ATP cede um fosfato para a molécula de glicose, transformando-se em ADP (adenosina difosfato) e convertendo a molécula de glicose em glicose 6-fosfato, pela enzima glicoquinase no fígado e hexoquinase nos músculos que apresentam Mg^{2+} como cofator. Essa fosforilação torna a glicose incapaz de atravessar a membrana plasmática e voltar para o plasma, garantindo que ela se mantenha na célula. Em seguida, a glicose 6-fosfato, que é uma aldose, é convertida em uma cetose – frutose 6-fosfato – pela enzima fosfo-exose-isomerase. Na terceira reação, a enzima fosfofrutoquinase catalisa a reação de fosforilação da frutose 6-fosfato em frutose 1,6-bifosfato, em que o doador do grupo fosfato é o ATP. Essa reação, irreversível, é estimulada quando a concentração de ATP na célula é baixa e a de ADP alta: a alta taxa de ATP funciona como um sistema de retroinibição por inibir a enzima fosfofrutoquinase. A frutose 1,6-bifosfato é quebrada para liberar duas trioses-fosfato diferentes – gliceraldeído 3-fosfato e di-hidroxiacetona-fosfato – em uma reação reversível catalisada pela enzima aldolase (Nelson; Cox, 2014).

Figura 2.3 – Esquema das reações da glicólise

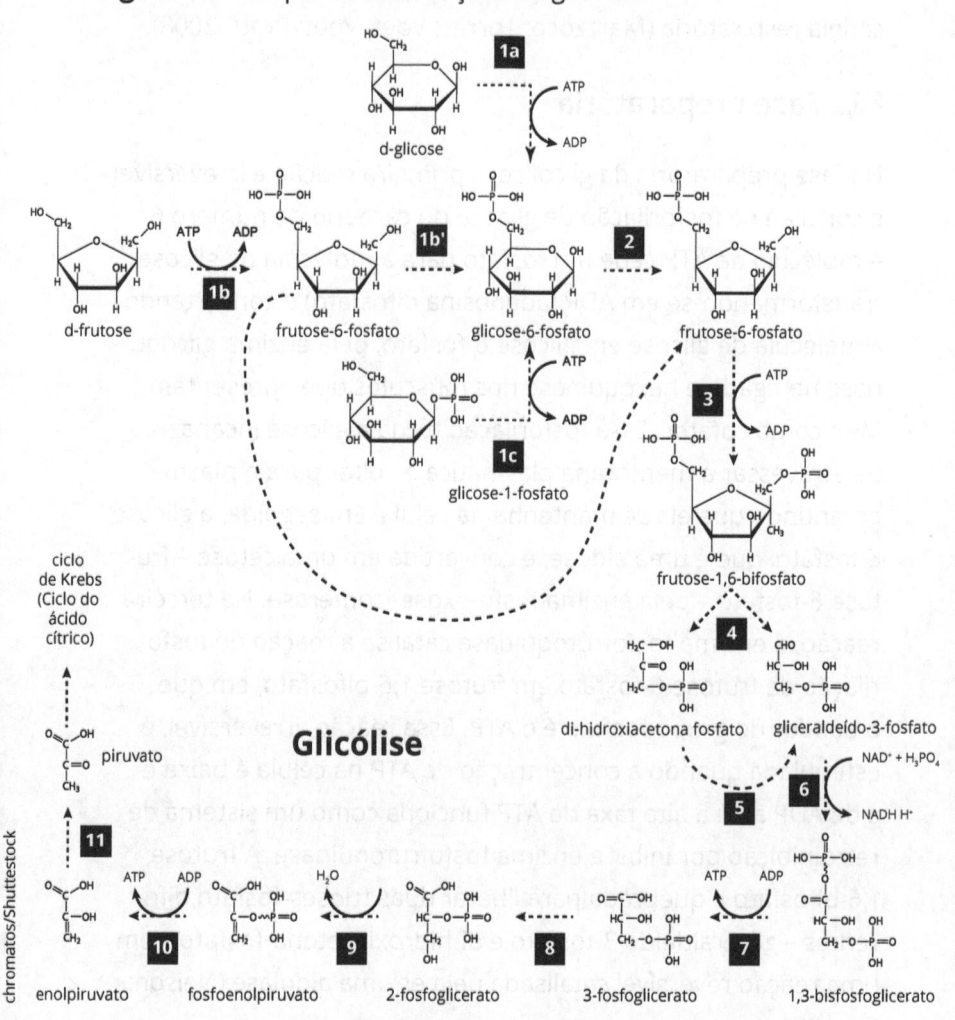

A partir da reação 6, todas as moléculas e produtos ocorrem em dobro, uma vez que a di-hidroxiacetona-fosfato é convertida em gliceraldeído 3-fosfato para seguir a fase compensatória da via. Nas reações, todas numeradas, as enzimas envolvidas são: 1a: glicoquinase, no fígado, e hexoquinase, nos músculos; 1b: hexoquinase; 1b': fosfo-hexose-isomerase; 1c: fosfoglicomutase; 2: fosfo-hexose-isomerase; 3: fosfofrutoquinase; 4: aldolase; 5: triose-fosfato-isomerase; 6: gliceraldeído-3-fosfato-deidrogenase; 7: fosfogliceratoquinase; 8: fosfoglicerato-mutase; 9: enolase; 10: piruvato-quinaste; 11: tautomerização sem ação enzimática (Nelson; Cox, 2014). A di-hidroxiacetona-fosfato, por exemplo, pode ser utilizada para a produção de triacilglicerol, porém, na via glicolítica, ela não pode ser degradada, sendo, portanto, convertida em gliceraldeído 3-fosfato pela enzima triose--fosfato-isomerase, gerando, então, duas moléculas de gliceraldeído 3-fosfato (Marzzoco; Torres, 2011; Nelson; Cox, 2014).

Além da glicose, outros monossacarídeos também são conduzidos à via glicolítica para a produção de energia. Ao entrar na célula, a frutose (Figura 2.3) é fosforilada no carbono 6 pela a ação da enzima hexoquinase, que transfere um grupo fosfato da molécula de ATP para a frutose, formando ADP e frutose--6-fosfato, que é um intermediário da via glicolítica. A galactose, por sua vez, é fosforilada pela galactoquinase, formando galactose-1-fosfato. Uma molécula de UDP-glicose (uridina-difosfato--glicose) presente na célula interage com a galactose-1-fofato e, nessa interação, catalisada pela enzima uridiltransferase, o UDP é transferido para a galactose, formando UDP-galactose; o fosfato é transferido para a glicose, formando glicose-1-fosfato, que será convertida pela ação da enzima fosfoglicomutase em glicose-6-fostato, a fim de que entre, dessa forma, na glicólise. Ainda, a UDP-galactose pode ser convertida em UDP-glicose em uma reação catalisada pela enzima UDP-galactose epimerase. A partir de então, a UDP-glicose será fosforilada no carbono 1 pela enzima UDP-glicose pirofosforilase, formando glicose-1-fosfato, que adentra a via glicolítica, conforme descrito anteriormente (Nelson; Cox, 2014).

2.3.2 Fase compensatória

Na fase compensatória, cada uma das duas moléculas de gliceraldeído 3-fosfato é fosforilada com um fosfato inorgânico (não mais com ATP). Além disso, cada gliceraldeído 3-fosfato é oxidado, liberando um hidrogênio (H), que é capturado pela coenzima NAD^+ que, por sua vez, se reduz em NADH, formando 1,3-bisfosfoglicerato pela enzima gliceraldeído 3-fosfato desidrogenase. Nessa etapa, o NAD^+ é essencial, uma vez que a glicólise não pode prosseguir na sua ausência por não haver aceptor de H do gliceraldeído 3-fosfato. Em seguida, cada 1,3-bifosfoglicerato perde um grupo fosfato para a molécula de ADP (adenosina difosfato) e se converte em 3-fosfoglicerato em uma reação catalisada pela enzima fosfoglicerato-quinase, formando ATP. A reação seguinte consiste na transferência de um grupo fosforil do carbono 3 para o grupo hidroxila do carbono 2, formando 2-fosfoglicerato por uma enzima chamada de *fosfoglicerato-mutase*. Cada molécula de 2-fosfoglicerato perde uma molécula de água e é convertida em uma molécula fosfoenolpiruvato em uma reação reversível pela enzima enolase. Em seguida, a enzima piruvato-quinase converte cada molécula de fosfoenolpiruvato em piruvato após remoção de um grupo fosfato que é transferido para uma molécula de ADP, formando ATP (Marzzoco; Torres, 2011; Nelson; Cox, 2014; Voet; Voet; Pratt, 2008). Nessa última etapa, o piruvato é primeiro produzido na forma enólica, mas é rapidamente modificado para a forma cetônica, sem necessidade de ação enzimática, em um processo chamado de *tautomerização* (Nelson; Cox, 2014).

De maneira geral, na glicólise, para cada molécula de glicose são gastas duas moléculas de ATP na fase preparatória, sendo produzidas, na fase compensatória, quatro moléculas de ATP, duas moléculas de NADH e duas moléculas de piruvato (Marzzoco; Torres, 2011; Nelson; Cox, 2014). As moléculas de ATP serão utilizadas para fornecer energia para as diversas atividades celulares – por exemplo, a síntese de macromoléculas, como carboidratos, lipídeos, proteínas e ácidos nucleicos –, bem como para o transporte de moléculas e organelas no ambiente celular, na transmissão de sinais, em movimentos e demais eventos celulares. A coenzima NADH, na presença de oxigênio, é conduzida para a cadeia respiratória localizada no interior da organela mitocôndria, em uma região chamada de *crista mitocondrial*, onde cederá o hidrogênio obtido na via glicolítica para a síntese de ATP (ver subcapítulo 2.5) (Marzzoco; Torres, 2011; Nelson; Cox, 2014; Voet; Voet; Pratt, 2008).

2.4 Fermentações alcoólica, lática e acética

O piruvato produzido na via glicolítica pode seguir diferentes vias, dependendo das necessidades da célula e da disponibilidade de oxigênio. Os organismos aeróbios utilizam o oxigênio como aceptor de elétrons para produzir uma grande quantidade de ATP, porém, em anaerobiose, a fermentação (que pode ser lática, alcoólica e acética) é o processo metabólico que garante a produção de ATP de forma rápida e eficiente (Palermo, 2014).

Durante a contração muscular, os músculos podem entrar em hipóxia, o que força o direcionamento do piruvato para a **fermentação lática** (Figura 2.4). As moléculas de NADH, geradas na via glicolítica, somente são oxidadas na cadeia transportadora de elétrons na presença de oxigênio, porém, como a célula está em hipóxia, essa oxidação não ocorre, havendo acúmulo de NADH e depleção de NAD^+. Como vimos na via glicolítica, o gliceraldeído 3-fosfato depende de NAD^+ para se converter em 1,3-bisfosfoglicerato e manter a via glicolítica produzindo ATP. Nesse sentido, a fermentação lática tem como objetivo manter a via glicolítica funcionando para continuar a produção de ATP. Na fermentação lática, a enzima lactato-desidrogenase catalisa a reação que reduz o piruvato a lactato ao transferir o H do NADH para o piruvato. Dessa forma, o NADH é oxidado novamente a NAD^+, podendo retornar à via glicolítica para receber H do gliceraldeído 3-fosfato e manter a glicólise produzindo ATP para a célula. Por isso, nos esquemas da fermentação lática, não vemos a síntese de ATP, o que gera a dúvida de como essa via está relacionada com a produção de energia. Na verdade, a fermentação lática, quando ativa, complementa a via glicolítica, reciclando as moléculas de NAD^+ e permitindo que esta mantenha ativa a produção de ATP (Marzzoco; Torres, 2011; Nelson; Cox, 2014; Palermo, 2014).

Figura 2.4 – Representação da fermentação lática

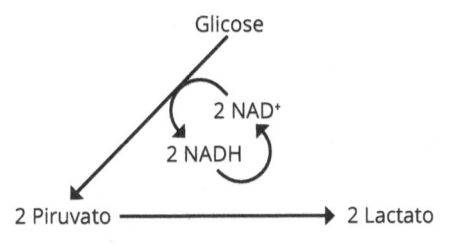

Fonte: Nelson; Cox, 2014, p. 547.

A **fermentação alcoólica** é realizada apenas por alguns tecidos vegetais, certos invertebrados, leveduras e algumas bactérias. Embora ela também objetive a regeneração do NAD^+, o seu produto final é o etanol. O piruvato formado na glicólise é convertido em acetaldeído pela enzima piruvato-descarboxilase, que tem o TPP (tiamina pirofosfato) como cofator. Em uma segunda reação, a enzima álcool-desidrogenase catalisa a reação em que o acetaldeído é reduzido a etanol ao receber o H do NADH, que oxida e gera novamente NAD^+ (Marzzoco; Torres, 2011; Nelson; Cox, 2014). A partir de então, o álcool pode ser convertido em ácido acético por bactérias acéticas que realizam esse processo em aerobiose. Essa **fermentação acética** se dá em duas etapas: a primeira quando ocorre a formação de etanol em anaerobiose; a segunda quando o etanol é convertido em ácido acético em aerobiose (Madigan et al., 2010).

2.5 Ciclo de Krebs

O ciclo de Krebs é uma via comum nos metabolismos de carboidratos, lipídeos e proteínas, sendo usado para a produção de energia e de metabólitos intermediários importantes para a célula, como aminoácidos, grupo heme (ver subcapítulo 4.5), purinas e pirimidinas (ver subcapítulo 5.1) (Nelson; Cox, 2014).

Diferentemente da anaerobiose, em que o piruvato pode ser utilizado para manter a via glicolítica funcionando, em aerobiose ele pode ser direcionado para o ciclo de Krebs, em que é usado para uma produção maior de energia mediante a **respiração celular**, que ocorre nas mitocôndrias das células eucarionte em três etapas:

1. Quebra de moléculas orgânicas de carboidratos, lipídeos e aminoácidos em pequenas moléculas de dois carbonos chamadas de *acetil-coenzima A* (acetil-CoA);
2. A acetil-CoA entra na matriz mitocondrial, participando do ciclo de Krebs, também conhecido como *ciclo do ácido cítrico*, onde é oxidada a CO_2, liberando íons H^+ que são capturados pelas coenzimas NAD^+ e FAD^+ (dinucleotídeo de adenina e flavina), reduzindo-as a NADH e $FADH_2$;
3. As coenzimas reduzidas levam os H^+ para a cadeia transportadora de elétrons na membrana interna das mitocôndrias, onde são utilizados para a produção de ATP e capturados pelo O_2, formando água (Nelson; Cox, 2014).

O ciclo de Krebs consiste em uma sequência de reações catalisadas por enzimas específicas, gerando metabólitos que serão utilizados para a produção de diversas moléculas necessárias para as células. Além disso, essas reações promovem a oxidação dessas moléculas e a redução das coenzimas NAD^+ e FAD^+, que serão usadas na próxima etapa da respiração celular para a produção de grande quantidade de ATP (Marzzoco; Torres, 2011; Nelson; Cox, 2014; Palermo, 2014; Voet; Voet; Pratt, 2008).

Na presença de oxigênio, o piruvato proveniente da glicólise é convertido em acetil-CoA nas mitocôndrias das células eucarióticas e no citoplasma das bactérias por um conjunto de enzima chamado de *complexo piruvato-desidrogenase* (PDH), que promove a remoção de uma molécula de CO_2 do piruvato, adicionando no lugar uma molécula de coenzima A (CoA), formando acetil-CoA. Nesse processo, um H é removido da molécula de CoA-SH e é capturado pelo NAD^+, reduzindo-o. O NADH gerado leva o H para a cadeia transportadora de elétrons para sua oxidação e produção de ATP (Marzzoco; Torres, 2011; Nelson; Cox, 2014). A molécula de acetil-CoA gerada, ao se juntar com a molécula de oxaloacetato, presente na matriz mitocondrial, inicia o ciclo de Krebs (Figura 2.5), formando o citrato. Por esse motivo, esse ciclo também é conhecido como *ciclo do citrato ou ácido cítrico*. Essa reação de condensação é irreversível e catalisada pela enzima citrato-sintase, liberando a CoA-SH, que pode ser reaproveitada pela célula. O citrato serve de substrato para a enzima aconitase, a qual o converte em isocitrato que, por sua vez, é convertido em α-cetoglutarato por uma reação de descarboxilação oxidativa catalisada pela enzima isocitrato-desidrogenase. Nessa reação, a oxidação do isocitrato promove a redução de um NAD^+, formando NADH, além de remover e liberar uma molécula de CO_2 (Marzzoco; Torres, 2011; Nelson; Cox, 2014; Palermo, 2014).

Na etapa seguinte, o α-cetoglutarato é convertido em succinato, em duas fases: na primeira fase, a enzima α-cetoglutarato-desidrogenase catalisa a conversão do α-cetoglutarato em succinil-CoA, que é, na segunda fase, imediatamente convertido em succinato pela enzima succinil-CoA-sintetase (ou succinato--tioquinase), em uma reação irreversível. Nessa reação, a enzima transfere um grupo fosfato presente na matriz mitocondrial para a molécula de guanosina difosfato (GDP), formando guanosina trifosfato (GTP). Esse GTP gerado é doador de fosfato para o ADP, convertendo-o em ATP e voltando a ser GDP. O succinato é oxidado a fumarato pela flavoproteína succinato-desidrogenase, enzima que oxida o succinato ao remover dois hidrogênios dele, transferindo-os para o FAD^+, que é reduzido a $FADH_2$. O malato, por sua vez, é produzido pela hidratação do fumarato pela enzima fumarase, sendo oxidado a oxaloacetato novamente pela enzima malato-desidrogenase, que transfere um H do malato para o NAD^+, promovendo a redução de um terceiro NAD^+ a NADH. Dessa maneira, o ciclo se reinicia, quando o oxaloacetato está disponível para se condensar a uma nova molécula de acetil-CoA (Marzzoco; Torres, 2011; Nelson; Cox, 2014; Palermo, 2014).

Além das enzimas e das moléculas oxidadas, o ciclo de Krebs depende de moléculas que permitem o correto funcionamento das enzimas, dentre as quais estão as vitaminas do complexo B (Quadro 2.1). Essas vitaminas, de alguma forma, garantem o correto funcionamento do ciclo para manter tanto a produção de energia quanto a produção de metabólitos intermediários, que serão utilizados para a produção de moléculas necessárias para a célula (Nelson; Cox, 2014; Palermo, 2014).

Quadro 2.1 – Vitaminas do complexo B e suas contribuições para o ciclo de Krebs

Vitamina	Nome	Função
B1	Tiamina	Precursora da tiamina pirofosfato (TPP), que participa da conversão de piruvato em acetil-CoA
B2	Flavina	Precursora da coenzima FAD^+
B3	Niacina	Precursora da coenzima NAD^+
B5	Ácido pantotênico	Precursor da molécula Coenzima A
B8	Biotina	Promove a descarboxilação do piruvato ao se ligar ao CO_2, contribuindo para a formação de acetil-CoA

Dada a importância do ciclo de Krebs, uma regulação é necessária para que o processo funcione corretamente, produzindo as quantidades certas dos intermediários indispensáveis para cada estado fisiológico da célula. Como o ciclo participa da oxidação das moléculas, gerando NADH e ATP, de maneira geral, o excesso dessas duas moléculas tende a inibir o ciclo de Krebs, uma vez que, quando o produto se acumula, é necessário reduzir a produção a fim de evitar o desperdício.

Em contrapartida, o acúmulo de NAD^+, ADP e AMP (adenosina monofosfato) é indício de que a demanda de energia está maior que sua produção, razão pela qual a velocidade do ciclo deve ser aumentada para produzir ATP necessário para a célula (Marzzoco; Torres, 2011; Nelson; Cox, 2014).

Figura 2.5 – Reações do ciclo de Krebs

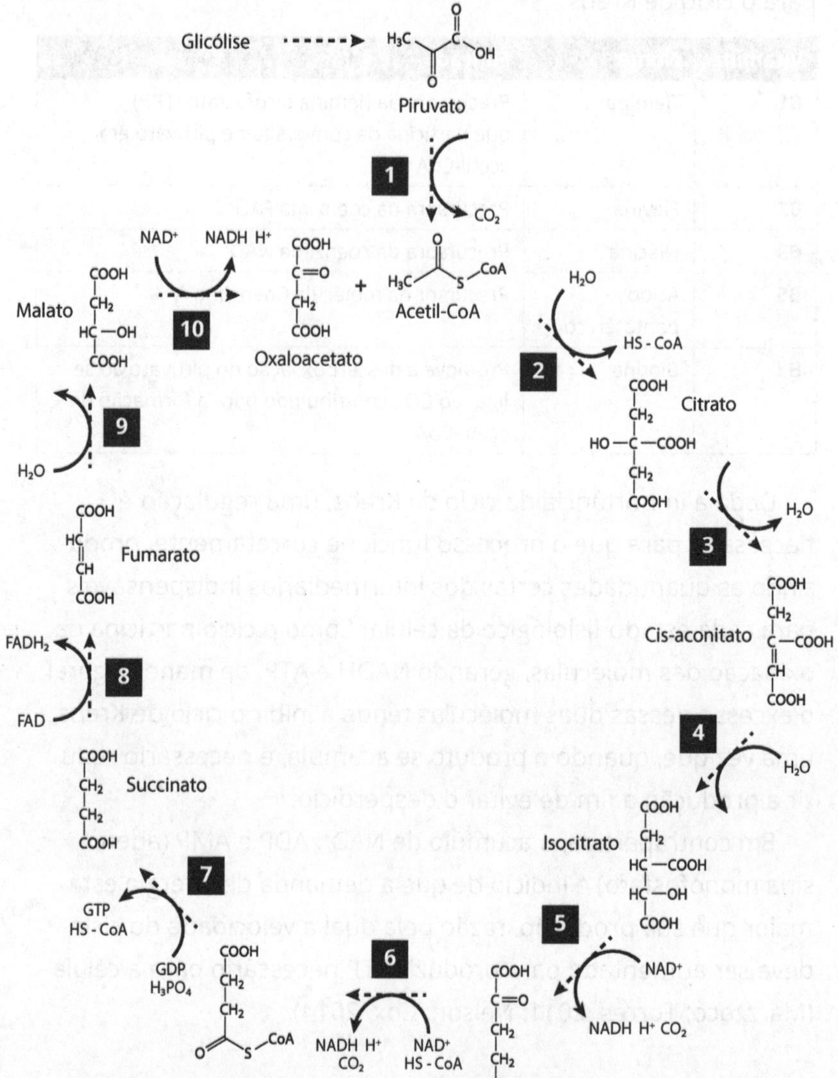

chromatos/Shutterstock

Na figura, vemos representadas as diferentes reações do ciclo de Krebs catalisadas pelas enzimas, sendo respectivamente: 1) complexo PDH; 2) citrato-sintase; 3) aconitase; 4) aconitase; 5) isocitrato-desidrogenase; 6) α-cetoglutarato-desidrogenase; 7) succinil-CoA-sintetase; 8) succinato-desidrogenase; 9) fumarase; 10) malato-desidrogenase (Nelson; Cox, 2014).

Vários mecanismos de regulação são utilizados no ciclo de Krebs para garantir seu funcionamento de acordo com a necessidade fisiológica da célula. A primeira regulação do ciclo ocorre na conversão de piruvato em acetil-CoA. O complexo PDH que faz essa conversão é inibido justamente pelas moléculas ATP, NADH, acetil-CoA e ácidos graxos. Como vimos, altas concentrações de ATP e NADH indicam que está sendo produzida mais energia do que o necessário para a célula. Por outro lado, o acúmulo de acetil-CoA gera uma retroinibição que impede o complexo PDH de realizar a conversão do piruvato, uma vez que há excesso de produto. A grande quantidade de ácidos graxos inibe a produção de acetil-CoA pelo piruvato, uma vez que a oxidação de ácidos graxos resulta em uma grande quantidade de acetil-CoA para oxidação no ciclo de Krebs – com essa alta produção, não é necessária a utilização de carboidratos, que provêm de um estoque menor que os lipídeos para a produção de energia (Silveira et al., 2011).

Outro mecanismo de regulação ocorre, porém de forma antagônica, quando há acúmulo de AMP, CoA, NAD^+ e Ca^{2+}, pois estes são ativadores do complexo PDH e estimulam o início do ciclo. A presença de AMP e NAD^+ indica baixa quantidade de energia disponível; já o excesso de CoA livre favorece a síntese de acetil-CoA. No tecido muscular, o Ca^{2+} estimula a contração muscular, cujo acúmulo indica que haverá alta taxa de contração muscular, o que depende de energia, razão pela qual é importante estimular o ciclo de Krebs a fim de que a energia necessária para essa contração seja liberada (Nelson; Cox, 2014).

Além dos mencionados mecanismos, durante o curso do ciclo de Krebs, três etapas – (i) condensação de acetil-CoA com oxaloacetato para formar citrato; (ii) conversão de isocitrato em α-cetoglutarato; (iii) conversão de α-cetoglutarato em succinil-CoA – sofrem regulação rigorosa com base em três fatores: i) disponibilidade de substrato; ii) inibição pelos produtos acumulados; e iii) inibição alostérica por retroalimentação das enzimas que catalisam as etapas do ciclo. Na primeira etapa, NADH, succinil-CoA, citrato e ATP agem como inibidores da reação, ao passo que o ADP se comporta como ativador. Na segunda etapa, o ATP é inibidor, ao passo que ADP e Ca^{2+} são ativadores. Na terceira e última etapa que sofre regulação no ciclo, o succinil-CoA e o NADH são inibidores e o Ca^{2+} é ativador. É importante notar que essas etapas estão na primeira metade do ciclo, para que a regulação funcione desde o começo e tenha resultado mais efetivo (Nelson; Cox, 2014).

2.6 Cadeia respiratória

O estágio final da oxidação de carboidratos (que também se aplica para lipídeos e aminoácidos) pela respiração celular é o da fosforilação oxidativa, na qual ocorre a redução do O_2 a H_2O, com os hidrogênios trazidos pelos NADH e $FADH_2$ (Nelson; Cox, 2014). Essa reação é possível a partir do transporte de elétrons por um conjunto de proteínas da membrana interna da mitocôndria, conhecido como *cadeia transportadora de elétrons* ou *cadeia respiratória* (Figura 2.6). Vale lembrar que as mitocôndrias possuem quatro regiões principais, sendo:

1. a membrana externa que delimita a organela;
2. a membrana interna formada por dobras, chamadas de *cristas mitocondriais*, onde se encontram os complexos proteicos e as proteínas da cadeia respiratória;
3. o espaço intermembranas (espaço entre as membranas interna e externa);
4. a matriz mitocondrial, que é a região interna da organela onde ocorre o ciclo de Krebs (Carvalho; Recco-Pimentel, 2013; Harvey; Ferrier, 2012).

Figura 2.6 – Dinâmica do ciclo celular e da cadeia respiratória no interior da mitocôndria

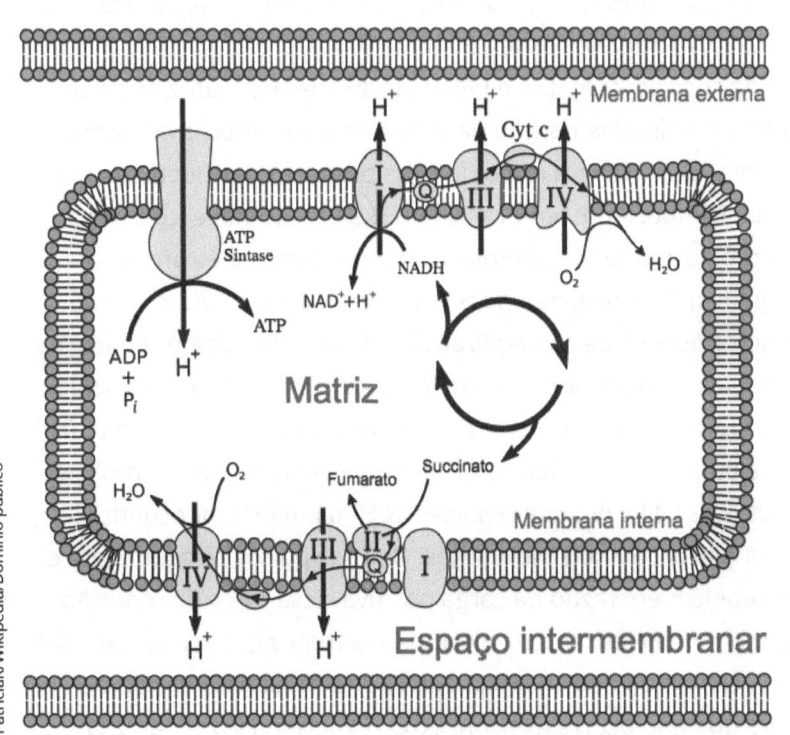

Fonte: Wikimedia Commons, 2010.

A cadeia transportadora de elétrons é formada por cinco grupos de proteínas, que chamamos de *complexos proteicos*, acoplados à membrana interna da mitocôndria, que é impermeável a diversos íons e moléculas, incluíndo os íons H^+. Os complexos de I a IV são capazes de transportar elétrons – sendo que cada um deles recebe e doa elétron do complexo anterior na cadeia, entre os quais ainda são encontrados dois carreadores móveis de elétrons: a coenzima Q, também conhecida como *ubiquinona*, e o citocromo C (Cyt-C). Ao final da cadeia está o oxigênio, que atrai esses elétrons com muita intensidade, o que faz com que eles se desloquem facilmente pela cadeia – esses elétrons se unem aos prótons (H^+) e ao oxigênio para formar água (Nelson; Cox, 2014; Harvey; Ferrier, 2012).

As coenzimas NADH e $FADH_2$, reduzidas na matriz mitocondrial e no citoplasma, vão para a membrana interna e doam os hidrogênios (H) para os complexos proteicos da cadeia respiratória. É importante lembrar que o H é um átomo, e, como todo átomo, formado por prótons (carga positiva) e elétrons (carga negativa). O hidrogênio possui apenas um único próton e um único elétron (Voet; Voet; Pratt, 2008). O NADH doa o H para o complexo I, oxidando-se a NAD^+. O complexo I, agora reduzido, quebra o hidrogênio em próton (H^+) e elétron ou íon hidreto (H^-). Os elétrons são usados como fonte de energia pelos complexos proteicos I, III e IV para expulsar os H^+ da matriz mitocondrial para o espaço intermembranas. Os H^+ expulsos se acumulam e se repelem em razão da carga positiva. Essa força de repulsão faz com que eles tentem voltar para a matriz e, com isso, se afastem, porém a impermeabilidade da membrana ao H^+ não permite que isso ocorra (Nelson; Cox, 2014; Harvey; Ferrier, 2012).

Ainda, o complexo V, mesmo que não seja um carreador de elétrons, é essencial para o funcionamento da cadeia respiratória, uma vez que funciona como um canal de passagem de H^+ do espaço intermembranas para a matriz mitocondrial. Esse complexo é formado por duas subunidades: F_0, acoplada na membrana interna da mitocôndria, e F_1, que se projeta para a matriz mitocondrial (Marzzoco; Torres, 2011; Nelson; Cox, 2014; Palermo, 2014). Conforme os prótons H^+ se ligam à subunidade F_0 do complexo V e por causa da repulsão entre eles, é gerada uma força que move a subunidade F_1 quando cada próton passa por ela, a qual damos o nome de *força protomotriz*. A subunidade F_1 tem sítios de ligação para o ADP e o fosfato inorgânico (Pi) separados, entretanto, com a passagem de prótons pela subunidade F_0 e o consequente movimento da subunidade F_1, os sítios se aproximam, ocorrendo a ligação entre ADP e Pi, formadora de ATP. Pela capacidade de síntese de ATP, o complexo V também é conhecido como *ATP-sintase* (Nelson; Cox, 2014; Harvey; Ferrier, 2012).

Cada próton é responsável pela formação de um ATP; cada H proveniente do NADH, na cadeia respiratória, fornece, em média, energia para a expulsão de 3 H^+ e, portanto, para a produção de 3 ATPs (Palermo, 2014). Isso ocorre da mesma forma com os hidrogênios levados pelo $FADH_2$, porém essa coenzima deixa seu H com o complexo II, que não expulsa prótons. O complexo II transfere os elétrons para o complexo III e, na sequência, para o IV, sendo que estes expulsarão os prótons, totalizando 2 prótons expulsos para cada $FADH_2$. Embora o $FADH_2$ apresente 2 H, ele cede apenas um para o complexo II, porque o seu potencial de redução – tendência de uma molécula em atrair elétrons e sofrer redução (Weller et al., 2017) – é maior que o do NADH, ou seja, ele tende a oxidar com menor facilidade (Harvey; Ferrier, 2012).

Figura 2.7 – Esquema da cadeia transportadora de elétrons ou cadeia respiratória

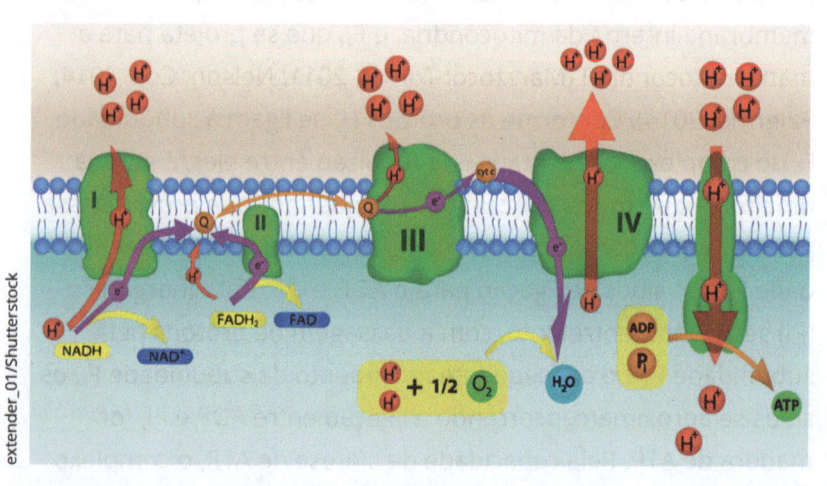

extender_01/Shutterstock

Em síntese, diríamos que os complexos proteicos na membrana interna da mitocôndria são responsáveis pelo transporte de elétrons, os quais expulsam os prótons para o espaço intermembranas. Esses prótons conseguem voltar para a matriz mitocondrial apenas por meio da enzima ATP-sintase, gerando uma força protomotriz que a move e fornece energia para catalisar a junção entre ADP e fosfato, formando ATP. O balanço final da respiração celular por carboidratos é de 38 moléculas de ATP produzidas por uma molécula de glicose (Tabela 2.1), considerando todas as moléculas de ATPs produzidas ao longo das vias, mais os ATPs gerados pela oxidação das coenzimas NADH e FADH₂, na cadeia respiratória (Nelson; Cox, 2014).

Tabela 2.1 – Produção de ATP por uma molécula de glicose

	ATPs produzidos
Glicólise	
2 ATPs	2
2 NADH	6
Conversão piruvato em acetil-CoA (2)	
2 NADH	6
Ciclo de Krebs (2)	
6 NADH	18
2 FADH$_2$	4
2 GTPs	2
TOTAL	38

A tabela 2.1 apresenta o cálculo da produção de moléculas de ATP nas etapas intermediárias do metabolismo aeróbio da glicose. Os produtos encontram-se duplicados, uma vez que cada molécula de glicose gera duas moléculas de piruvato na via glicolítica e as fases subsequentes são duplicadas. Lembre-se, ainda, de que a fase preparatória da glicólise precisa de um investimento de duas moléculas de ATP. Com base nisso, vemos a importância desse investimento no início da via a fim de garantir que a molécula de glicose se mantenha na célula e seja oxidada para a produção de maior quantidade de moléculas de ATP nas etapas seguintes, além de reduzir as coenzimas que originarão a maior parte de ATP do processo (Marzzoco; Torres, 2011; Nelson; Cox, 2014; Palermo, 2014; Harvey; Ferrier, 2012).

❓ Curiosidade

Nas cristas mitocondriais podemos encontrar proteínas que atuam como desacopladores mitocondriais, presentes principalmente no tecido adiposo marrom, e permitem a passagem de prótons para a matriz mitocondrial sem a necessidade deles passarem pela ATP sintase. Dessa forma, a força protomotriz que seria direcionada para a síntese de ATP é liberada na forma de calor a fim de manter o corpo aquecido ou garantir a hibernação de alguns animais. A proteína UCP1, conhecida como *termogenina*, está presente no tecido adiposo marrom, que gasta cerca de 90% de sua energia respiratória na termogênese, em resposta ao frio, tanto no nascimento quanto no despertar do período de hibernação. Os seres humanos apresentam pouco tecido marrom, com exceção dos recém-nascidos. Também foram encontradas outras proteínas desacopladoras, como a UCP2 e a UCP3, porém ainda não está clara a função de cada uma, além de existirem estudos controversos sobre elas (Nelson; Cox, 2014; Harvey; Ferrier, 2012).

O complexo II pode também estar relacionado com o controle da quantidade de elétrons que "vazam" do sistema. Esses elétrons que "vazam" tendem a se juntar com o oxigênio molecular e produzir as espécies reativas de oxigênio (EROs), também chamadas de *radicais livres*, como o peróxido de hidrogênio (H_2O_2) e o radical superóxido (O_2^-). Os indivíduos que apresentam mutações específicas no complexo II sofrem de paraganglioma hereditário, devido a maior produção de EROs, que danificam o tecido do corpo carotídeo, um quimirreceptor localizado na artéria carótida responsável pela percepção dos níveis de O_2 no sangue. Nesse caso, diversos tumores benignos podem surgir na cabeça e no pescoço (Nelson; Cox, 2014).

Síntese

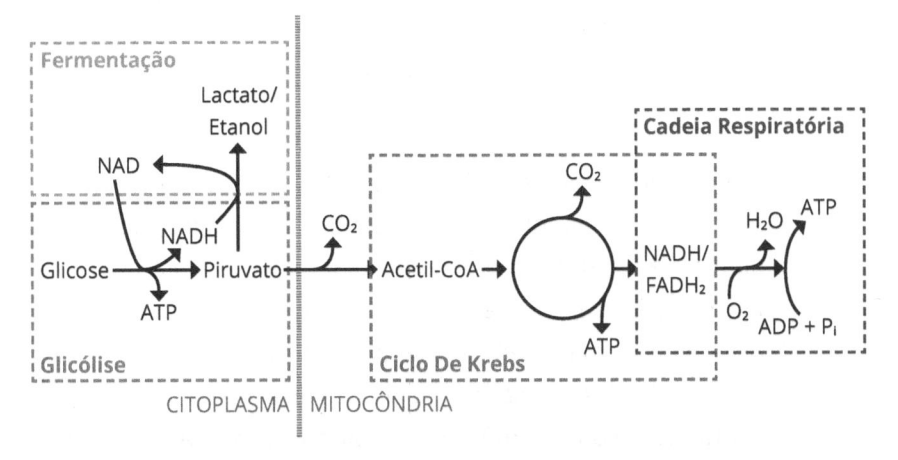

Atividades de autoavaliação

1. Certo medicamento inibe o funcionamento da enzima responsável pela degradação de uma substância I, que estimula a produção de insulina. Se uma pessoa ingerir dose diária desse medicamento, adequada a seu organismo, ela deverá apresentar:

   A aumento dos níveis de glicose no sangue, uma vez que sua atividade pancreática aumentará.

   B redução dos níveis de glicose no sangue, uma vez que a atividade da substância I diminuirá.

   C aumento dos níveis de glicose no sangue, pois a produção de insulina será estimulada.

   D redução dos níveis de glicose no sangue, pois a produção de insulina será estimulada.

   E maior degradação de glicogênio no fígado, o que implicará redução dos níveis de glicose no sangue.

2. O pâncreas é uma glândula mista, ou seja, possui função endócrina e exócrina. Na porção endócrina, essa glândula produz hormônios que regulam a glicemia.

Sobre esses hormônios, é correto afirmar:

A A epinefrina é um hormônio catabólico que favorece a glicólise, a lipogenólise e a glicogênese; o glucagon, por sua vez, é um hormônio anabólico que favorece as vias gliconeogênese, lipólise e glicogenólise.

B A insulina é um hormônio anabólico que favorece vias como a glicólise, lipogênese e glicogênese; por sua vez, o glucagon é um hormônio catabólico que favorece as vias gliconeogênese, lipólise e glicogenólise.

C A epinefrina é um hormônio anabólico que, junto com o glucagon, favorece as vias lipogênese e glicogênese.

D A insulina é um hormônio catabólico que favorece as vias glicolítica, lipogênese e gliconeogênese; já o glucagon é um hormônio anabólico que favorece vias como a lipólise e a glicogenólise.

E A insulina é um hormônio anabólico que favorece vias como a gliconeogênese, lipólise e glicogenólise; por sua vez, o glucagon é um hormônio catabólico que favorece vias como a glicolítica, a lipogênese e a glicogênese.

3. Durante a aula de educação física, João jogava *handball* com os colegas quando começou a se sentir mal. A enfermeira do colégio, que possuía pequenos aparelhos para dosagem de alguns componentes do sangue, analisou os níveis de lactato e glicose no sangue de João. O menino disse que, antes da aula, já vinha sentindo dores no corpo em razão das quais tinha tomado alguns comprimidos de aspirina para poder jogar.

Sabendo que a aspirina, em alta concentração, bloqueia a respiração celular, e com base nesses dados, assinale a alternativa que trata do tema em relação à situação do aluno:

(A) João produz energia pelo lactato, uma vez que a respiração celular está bloqueada pela aspirina, o que reduz a taxa de lactato e produz grande quantidade de glicose.

(B) Graças ao bloqueio da respiração celular, João produz grande quantidade de energia pelo ciclo de Krebs, reduzindo os níveis de glicose e aumentando a taxa de lactato no plasma.

(C) Em razão do bloqueio da respiração celular por causa da ingestão de aspirina, o organismo recruta glicose para produzir energia pela fermentação, reduzindo a glicemia e aumentando a produção de lactato.

(D) Quando a respiração celular é bloqueada, a concentração de glicose no sangue é aumentada pelo consumo de lactato para a produção de energia.

(E) É pelo ciclo de Krebs que ATP e glicose são produzidos conforme o lactato vai sendo consumido do plasma.

4. Uma vez dentro da célula, a glicose é usada para a produção de energia, iniciando uma via metabólica denominada *glicólise* ou *via glicolítica*. A primeira etapa da via glicolítica consiste em fosforilar a glicose pela conversão de ATP em ADP, gerando glicose 6-fosfato. Essa transformação garante o sucesso na produção de energia porque:

(A) a fosforilação permite que a molécula de ATP se transforme em glicose para produzir mais energia.

(B) a fosforilação aumenta a produção de glicogênio.

(C) a glicose é inativada na presença de fosfato.

D a glicose mais fosfato forma ATP.

E a fosforilação garante que a glicose não consiga sair da celula e seja usada para produzir energia.

5. A produção de energia pela glicose caracteriza-se pela remoção de cargas da glicose que são transferidas para as coenzimas (NAD^+ e FAD^+), gerando inúmeras reações de óxido-redução, nas quais:

A a glicose e as moléculas geradas são oxidadas e as coenzimas são reduzidas.

B a glicose sofre oxidorredução.

C as coenzimas são oxidadas e a glicose reduzida.

D NAD^+ reduz e FAD^+ oxida.

E o ATP é oxidado e convertido em glicose.

6. Na figura a seguir, os algarismos I e II referem-se a dois processos de produção de energia. As letras X e Y correspondem às substâncias resultantes de cada processo.

Metabolismos da glicose

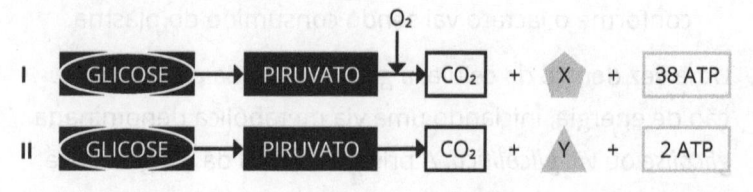

Assinale a alternativa que indica a relação entre o processo de produção de energia e a respectiva substância resultante:

A Em I o processo é fermentação e a letra *X* indica a substância *água*.

B Em I o processo é respiração e a letra *X* indica a substância *álcool*.

C Em II o processo é fermentação e a letra *Y* indica a substância *água*.

D Em II o processo é respiração e a letra *Y* indica a substância *álcool*.

E Em I o processo é respiração e a letra *X* indica a substância *água*.

7. Na ausência de oxigênio, os organismos realizam o processo de fermentação para obtenção de energia. Essa energia é proveniente da quebra da glicose na via glicolítica. Sobre esse assunto, analise as assertivas a seguir e a relação entre elas.

I) Durante o exercício de alta intensidade ocorre a fermentação lática pelo piruvato, que é convertido em lactato.

porque

II) O piruvato é convertido em acetil-coenzima A, que, na mitocôndria, realiza a respiração celular para a produção de ATP para a célula.

Com base no exposto, podemos afirmar:

A As asserções I e II são proposições verdadeiras, e a II é uma justificativa correta da I.

B As asserções I e II são proposições verdadeiras, mas a II não é uma justificativa correta da I.

C A asserção I é uma proposição verdadeira e a II é uma proposição falsa.

D A asserção I é uma proposição falsa e a II é uma proposição verdadeira.

E As asserções I e II são proposições falsas.

8. Sobre o ciclo de Krebs, assinale a alternativa correta:

   A O ciclo de Krebs ocorre na matriz mitocondrial com a condensação entre acetil-CoA e oxaloacetato para produzir citrato.

   B A molécula de ATP regula o ciclo de Krebs positivamente, pois, quanto maior for a sua concentração, mais ativo ficará o ciclo para a produção de energia.

   C O ciclo de Krebs ocorre apenas em anaerobiose na matriz mitocondrial, formando 3 NADH e 1 $FADH_2$.

   D O ciclo de Krebs tem como objetivo produzir grande quantidade de ATP para a célula.

   E O ciclo de Krebs ocorre dentro na matriz mitocondrial com a chegada das coenzimas que carregam os hidrogênios.

9. Na cadeia transportadora de elétrons (também conhecida como *cadeia respiratória*), os elétrons são transferidos de proteína em proteína com o objetivo de expulsar prótons da matriz mitocondrial para o espaço entre as membranas da mitocôndria. Como o ATP é produzido com esses prótons expulsos da matriz?

   A Os prótons voltam para a matriz por meio de uma proteína chamada *ATP-sintase*, movendo-a. Esse movimento faz com que a ATP-sintase hidrolise ATP.

   B Os prótons são mandados para fora da mitocôndria, onde vão produzir ATP-sintase

   C Os prótons são mandados para fora da mitocôndria, onde vão unir ADP + Pi, gerando ATP

D Os prótons voltam para a matriz por uma proteína chamada *ATP-sintase*, movendo-a. Esse movimento faz com que a ATP-sintase una ADP + Pi, gerando ATP.

E Os prótons são descartados na urina.

10. Em uma situação experimental, camundongos respiraram ar que continha gás oxigênio constituído pelo isótopo 18. A análise de células desses animais deverá detectar a presença de isótopo 18, primeiramente,

A no ATP.

B no NADH.

C na água.

D na glicose.

E no gás carbônico.

Atividades de aprendizagem

Questões para reflexão

1. O gráfico seguinte mostra a curva glicêmica de dois pacientes ao longo do tempo após uma refeição rica em carboidratos. Dentre os pacientes, um tem *diabetes mellitus* (tipo 1) e outro apresenta-se normal para essa condição. Explique por que um dos indivíduos é diabético e mostre qual é a função da injeção de insulina em diabéticos do tipo 1.

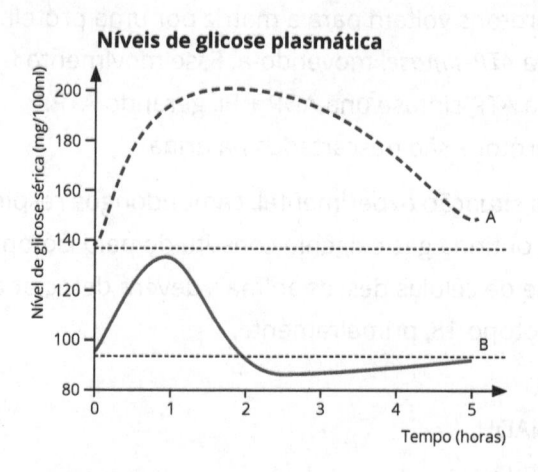

Níveis de glicose plasmática

Nível de glicose sérica (mg/100ml)

Tempo (horas)

2. Leia o texto seguinte:

> "Beribéri é o nome de uma doença séria que sem cuidados pode
> levar à morte. [A ingestão de tiamina por meio da alimentação
> equilibrada é uma das medidas mais importantes para o con-
> trole do Beribéri] [...] sintomas leves do beribéri podem surgir,
> como insônia, nervosismo, irritação, fadiga, perda do apetite e
> da energia. Esses problemas podem se manifestar após dois a
> três meses de consumo exclusivo de alimentos pobres em tia-
> mina. Os sintomas ainda podem evoluir para mais graves como
> dormência, formigamento e inchaço de pernas e braços, dificul-
> dade respiratória, problemas no coração, insuficiência cardíaca e
> até a morte." (Brasil, 2016)

Agora, responda: Qual a função da tiamina no processo metabólico e por que a falta dela causa os sintomas citados?

Atividade aplicada: prática

1. O quadro seguinte resume e organiza as vias metabólicas de acordo com as fases de metabolismo e a regulação hormonal. Complete-o a fim de resumir e organizar os conceitos deste capítulo.

Fase do metabolismo		
Objetivos		
Hormônio regulador		Glucagon
Vias metabólicas ativas	Glicólise	

CAPÍTULO 3

METABOLISMO DE LIPÍDEOS,

Os lipídeos fornecem grande quantidade de energia para a célula, porém, em repouso, são recrutados, após os carboidratos, para a produção de energia. O metabolismo energético é regulado de forma que uma fonte energética nunca seja depletada sem que, antes, uma segunda fonte seja recrutada. Assim, quando o consumo de carboidrato torna-se intenso, inicia-se o catabolismo de lipídeos a fim de evitar que, entre o esgotamento do carboidrato e o início do catabolismo de lipídeos, falte energia para a célula (Marzzoco; Torres, 2011; Nelson; Cox, 2014; Voet; Voet; Pratt, 2008).

Os lipídeos são provenientes da alimentação, na qual podemos encontrá-los em diversas formas, como o colesterol, os fosfolipídeos e o triacilglicerol. Os dois primeiros são relativamente pequenos e não sofrem processo de digestão, sendo absorvidos pelos enterócitos no intestino. Por outro lado, os triacilgliceróis são complexos e precisam ser digeridos previamente para a sua absorção. No intestino delgado, mais precisamente no duodeno, as lipases pancreáticas (enzimas que atuam sobre os lipídeos), na presença da bile, fazem a digestão dos triacilgliceróis, liberando ácidos graxos e glicerol. Esse processo no intestino – e na presença da bile – recebe o nome de *saponificação*, uma vez que um dos produtos é um detergente/sabão (Figura 3.1).

Figura 3.1 – Reação de saponificação no intestino delgado

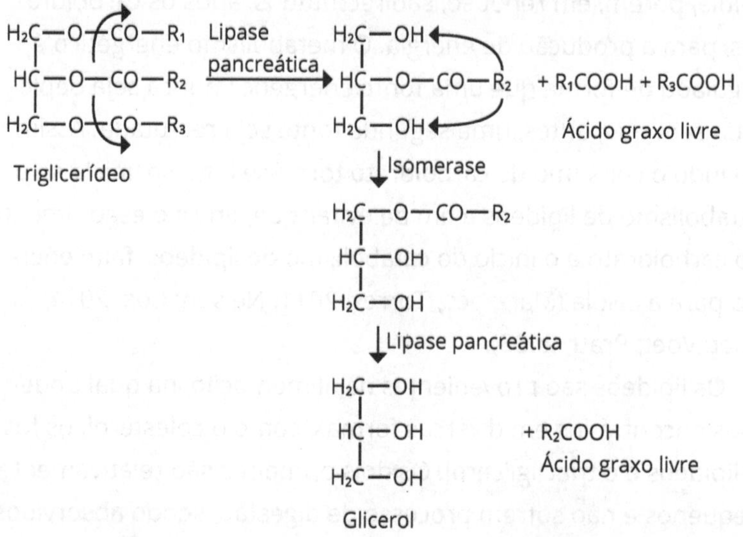

Fonte: Palermo, 2014, p. 79.

Após a ação da lipase, o glicerol e os ácidos graxos ficam instáveis devido à quebra das ligações entre eles. Dessa forma, a hidroxila (OH) da base presente na bile estabiliza o glicerol, reconstituindo-o, ao passo que o sal da base (Na^+) estabiliza os ácidos graxos, formando sabão. O glicerol e o sabão são absorvidos pelos enterócitos, porém, antes de serem deixados na corrente sanguínea, são unidos novamente, formando triacilglicerol, por um processo chamado de *síntese de novo*, na membrana do enterócito voltada para o plasma (Nelson; Cox, 2014; Palermo, 2014). Uma vez na corrente sanguínea, os lipídeos precisam ser transportados por proteínas específicas, pois são hidrofóbicos e não podem circular livremente no sangue. Essas proteínas, chamadas de *lipoproteínas*, carregam os lipídeos ao longo do plasma, distribuindo seu conteúdo conforme as necessidades dos tecidos (Garcia; Kanaan, 2014; Nelson; Cox, 2014).

⚙️ Curiosidade

A bile é um composto produzido pelo fígado e armazenado na vesícula biliar até a sua utilização. Certamente você já deve ter ouvido falar de pessoas que tiveram cálculos (pedras) na vesícula biliar (Figura 3.2), tendo até mesmo, de removê-la. Nessa situação, a formação de pedras ocorre quando a síntese de bile é exarcebada e ela fica acumulada na vesícula, formando os cálculos. A remoção da vesícula biliar é feita cirurgicamente e não traz malefícios significativos para o paciente. Geralmente essas pessoas apresentam dificuldades para digerir lipídeos, uma vez que a disponibilidade de bile fica menor, mas não têm a saúde prejudicada por isso.

Figura 3.2 – Incidência de cálculos vesiculares

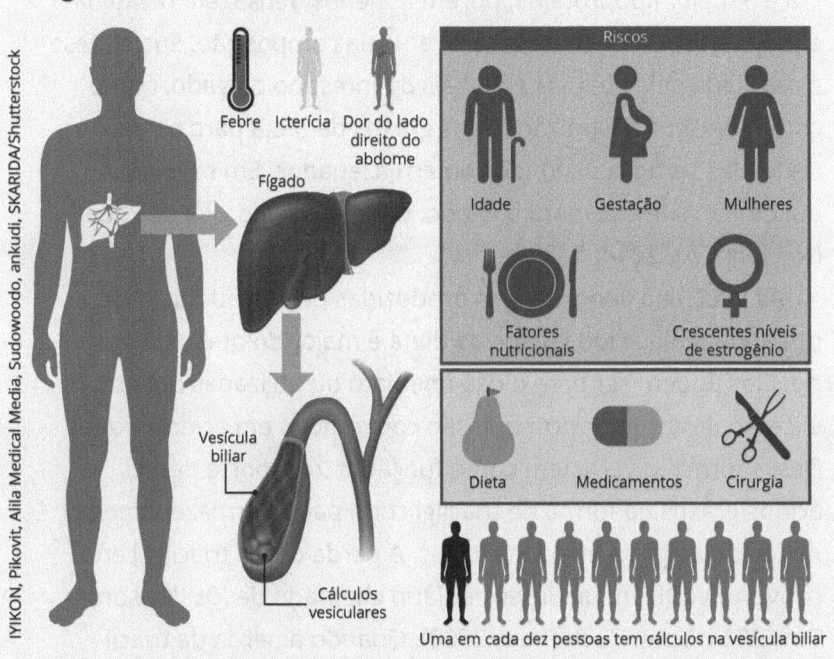

IYIKON, Pikovit, Alila Medical Media, Sudowoodo, ankudi, SKARIDA/Shutterstock

A bile é produzida por pigmento bilirrubina, sais minerais, colesterol, sais orgânicos e demais pigmentos.

Todas as classes de lipoproteínas, como quilomicra, VLDL (*very low density lipoprotein* – lipoproteína de muito baixa densidade), IDL (*intermediate density lipoprotein* – lipoproteína de densidade intermediária), LDL (*low density lipoprotein* – lipoproteína de baixa densidade) e HDL (*high density lipoprotein* – lipoproteína de alta densidade) são formadas pelos mesmos componentes: proteínas, triacilglicerol, glicerol, colesterol e fosfolipídeos, diferindo apenas quanto à proporção de cada um deles e, consequentemente, à função de cada qual no organismo. Entretanto, todas elas são necessárias para garantir a eficiência no transporte de lipídeos via corrente sanguínea (Garcia; Kanaan, 2014). Cada classe de lipoproteína tem uma função específica de acordo com a sua origem e composição (Tabela 3.1). A quilomicra é a maior lipoproteína, porém a menos densa, em razão da alta quantidade de triacilglicerol em sua composição. Sua síntese é realizada pelas células epiteliais do intestino delgado, tendo como função transportar ácidos graxos da dieta para os tecidos, onde eles serão consumidos ou armazenados. Em seguida, a quilomicra é levada para o fígado, onde o colesterol é deixado (Nelson; Cox, 2014).

As VLDL são lipoproteínas produzidas pelo fígado quando a quantidade de ácido graxos da dieta é maior do que o necessário. Elas podem ser para o uso imediato ou utilizadas quando há excesso de carboidratos, que são convertidos em ácidos graxos. Dessa forma, a VLDL tem como função o transporte desses ácidos graxos na forma de triacilglicerol para o armazenamento no tecido adiposo e nos músculos. A perda desse triacilglicerol converte VLDL em um intermediário chamado de *IDL* (Nelson; Cox, 2014; Voet; Voet; Pratt, 2008). Quando a perda de triacilglicerol da VLDL é muito grande, ela é convertida em LDL, uma lipoproteína rica em colesterol, que o transporta para tecidos extra-hepáticos específicos. Por fim, o fígado produz a HDL, que apresenta baixa concentração de colesterol na composição, em razão do remanescente quilomicra e VLDL. A função da HDL é transportar colesterol e demais lipídeos para as células. Quando há pouco lipídeo, a HDL volta para o fígado e capta mais lipídeos da quilomicra e da VLDL, além de também ser capaz de captar colesterol dos tecidos extra-hepáticos (Nelson; Cox, 2014).

Tabela 3.1 – Composição das classes de lipoproteínas

Lipopro-teína	Densi-dade (g/cm³)	Proteí-nas (%)	Lipídeos totais (%)	Fosfoli-pídeos (%)	Triacil-glicerol (%)	Coles-terol (%)
Quilomicra	0,90	2	98	988	87	6
VLDL	0,98	8	92	18	58	21
IDL	1,01	17	83	24	30	37
LDL	1,04	22	78	22	10	51
HDL	1,14	48	52	33	8	28

Fonte: Elaborada com base em Garcia; Kanaan, 2014.

Dos componentes lipídicos das lipoproteínas, os fosfolipídeos são utilizados para a síntese das biomembranas de todas as células. O colesterol, embora seja associado a diversos malefícios à saúde, é uma molécula essencial para os seres vivos, dos unicelulares aos multicelulares. Estruturalmente, o colesterol faz parte das biomembranas de todos os tipos celulares. Com uma cabeça polar e a cauda apolar, o colesterol interage com os fosfolipídeos das biomembranas, mantendo a estrutura delas mais coesa, controlando a sua fluidez (Carvalho; Recco-Pimentel, 2013). Além disso, o colesterol é precursor da síntese da vitamina D e de hormônios esteroides, como os hormônios sexuais femininos – progesterona e estrógeno – e masculino, a testosterona, além de dois hormônios produzidos pela glândula suprarrenal: a aldosterona, que controla a pressão arterial, e o cortisol, responsável pelo controle do estresse e de processos inflamatórios (Nelson; Cox, 2014).

3.1 Biossíntese de colesterol

Embora a molécula colesterol esteja presente na alimentação (fonte exógena), o fígado é responsável pela sua produção no organismo (fonte endógena). O colesterol é produzido a partir de Acetil-CoA durante o anabolismo, ou seja, sobre a ação da insulina. Quando a demanda energética diminui durante o ana-bolismo, forma, a cada três moléculas de acetil-CoA do ciclo de Krebs condensadas, um composto de seis carbonos chamado de *β-hidroxi-β-metilglutaril-CoA* (HMG-CoA), em duas reações segui-das catalisadas pelas enzimas tiolase e HMG-CoA-sintase, res-pectivamente. O HMG-CoA é, então, reduzido a mevalonato pela ação da HMG-CoA-redutase, que transfere o hidrogênio de dois NADPH (fosfato de dinucleotídeo de adenina e nicotinamida) para o HMG-CoA. Em seguida, o mevalonato é quebrado e fos-forilado em duas moléculas de isoprenos ativos, que se juntam a outros quatro para formar o esqualeno. Por fim, o esqualeno, uma molécula de seis anéis parciais, passa por diferentes trans-formações até chegar a ergosterol, nos fungos, estigmasterol, nas plantas, ou colesterol, nos animais (Nelson; Cox, 2014).

O colesterol produzido via endógena pode ser convertido em LDL e liberado no plasma para transporte até os teci-dos, entretanto na presença de colesterol exógeno, a síntese endógena de colesterol é inibida (Nelson; Cox, 2014; Palermo, 2014). Entretanto, a hipercolesterolemia é uma condição na qual o indivíduo apresenta altos níveis de colesterol plasmático decorrente da ingestão excessiva de alimentos ricos em colesterol ou de uma falha genética herdada. No caso de uma falha genética, o indivíduo apresenta uma falha no receptor do fígado de LDL; dessa forma, as moléculas de colesterol provenientes do LDL não conseguem ser carregadas para dentro do fígado, causando acúmulo de LDL, que permanece circulante. Como o LDL não consegue deixar o colesterol no fígado, a síntese endógena é mantida, uma vez que o colesterol extracelular não pode entrar no hepatócito para regular a síntese (Nelson; Cox, 2014). Infelizmente, a LDL tem afinidade pelo endotélio dos vasos sanguíneos, atravessando-os e se alojando na parede das artérias, causando a aterosclerose que, de forma crônica, leva à obstrução do fluxo sanguíneo nas artérias (Nelson; Cox, 2014; Palermo, 2014).

3.2 Oxidação dos ácidos graxos

O triacilglicerol compõe o estoque energético dos organismos no tecido adiposo, servindo também como isolante térmico até ser recrutado para a produção de energia. Dessa forma, os triacilgliceróis fornecem grande quantidade de energia por meio da oxidação de seus ácidos graxos na mitocôndria durante a fase catabólica ou atividade física de longa duração (Marzzoco; Torres, 2011).

A produção de energia por ácidos graxos ocorre principalmente durante o jejum prolongado, quando o glicogênio hepático é consumido sob ação do glucagon (Marzzoco; Torres, 2011;

Palermo, 2014), ou durante atividade física de baixa intensidade e longa duração, a fim de conservar os estoques de glicogênio para atividades que ocorram em anaerobiose sob ação da adrenalina (Silveira et al., 2011). Os adipócitos armazenam os ácidos graxos na forma de triacilglicerol em gota única (unilocular) ou múltiplas gotas (multilocular). Independentemente do número de gotas, a gordura deve estar separada do citoplasma, rico em água, uma vez que a gordura é hidrofóbica. Essa separação é feita por uma proteína especializada chamada de *perilipina*, que envolve a gota de gordura e a isola do citoplasma (Marzzoco; Torres, 2011; Nelson; Cox, 2014; Voet; Voet; Pratt, 2008).

Durante o jejum prolongado ou a atividade física, hormônios catabólicos (glucagon e adrenalina, respectivamente) são liberados na corrente sanguínea e interagem com um receptor específico na membrana plasmática, a fim de sinalizá-la da necessidade de disponibilizar lipídeos para a produção de energia. Uma vez que os hormônios entram em contato com o receptor na membrana dos adipócitos, a enzima adenilil-ciclase é ativada e catalisa a produção do segundo mensageiro intracelular, conhecido como *AMP cíclico* (AMPc – adenosina monofosfato). A partir de então, o AMPc ativa a proteína-quinase dependente de AMPc (PKA) que exerce duas funções na célula: i) fosforilar a proteína perilipina para que ela se modifique e abra uma passagem para a gota de gordura; ii) fosforilar a lipase sensível a hormônio (LSH) para que ela acesse a gota de gordura pela abertura da PKA e aumente a atividade de degradação do triacilglicerol (Nelson; Cox, 2014).

O triacilglicerol é digerido pela lipase sensível a hormônio, liberando ácidos graxos e glicerol. Os ácidos graxos são lançados na corrente sanguínea e transportados pelas lipoproteínas albuminas até os músculos. O glicerol, por sua vez, participa de apenas 5% da produção de energia por lipídeos, tarefa para a qual é lançado na corrente sanguínea, e, pela lipoproteína albumina, é levado aos tecidos, onde é fosforilado pela enzima glicerol-quinase no carbono 3, sendo convertido em glicerol--3-fosfato, que será oxidado em di-hidroxiacetona-fosfato, a fim de entrar na via glicolítica. A enzima triose-fosfato-isomerase converte a di-hidroxiacetona-fosfato em gliceraldeído-3-fosfato, que será oxidado na glicólise (Marzzoco; Torres, 2011; Nelson; Cox, 2014).

Os ácidos graxos são oxidados na matriz mitocondrial em três etapas: β-oxidação, ciclo de Krebs e cadeia respiratória. A β-oxidação (Figura 3.3) consiste na quebra de moléculas de ácidos graxos a cada dois carbonos, formando moléculas de acetil-CoA. Esse processo caracteriza-se por oxidação porque, conforme a molécula é quebrada a cada dois carbonos, um hidrogênio desprende-se dela e é transferido para o NAD^+, reduzindo-o a NADH (Palermo, 2014). Assim, ao mesmo tempo que a β-oxidação quebra do ácido graxo para gerar acetil-CoA, também há a oxidação do ácido graxo, liberando NADH, que vai para a cadeia respiratória para a produção de ATP. Uma peculiaridade ocorre na primeira dupla de carbono a ser clivada (a que forma o grupo metil): por ser uma extremidade, o último carbono faz ligações com 3 hidrogênios diferentes, e não dois, como os demais carbonos, caso no qual, durante a β-oxidação, haverá dois hidrogênios desprendidos e cada um será pego por uma molécula de NAD^+, gerando duas moléculas de NADH. Dessa forma, a primeira reação da β-oxidação libera uma molécula de acetil-CoA e duas de NADH, enquanto as demais liberarão uma molécula de acetil-CoA e uma de NADH (Marzzoco; Torres, 2011; Nelson; Cox, 2014; Voet; Voet; Pratt, 2008).

Figura 3.3 – Etapas da produção de energia por ácidos graxos

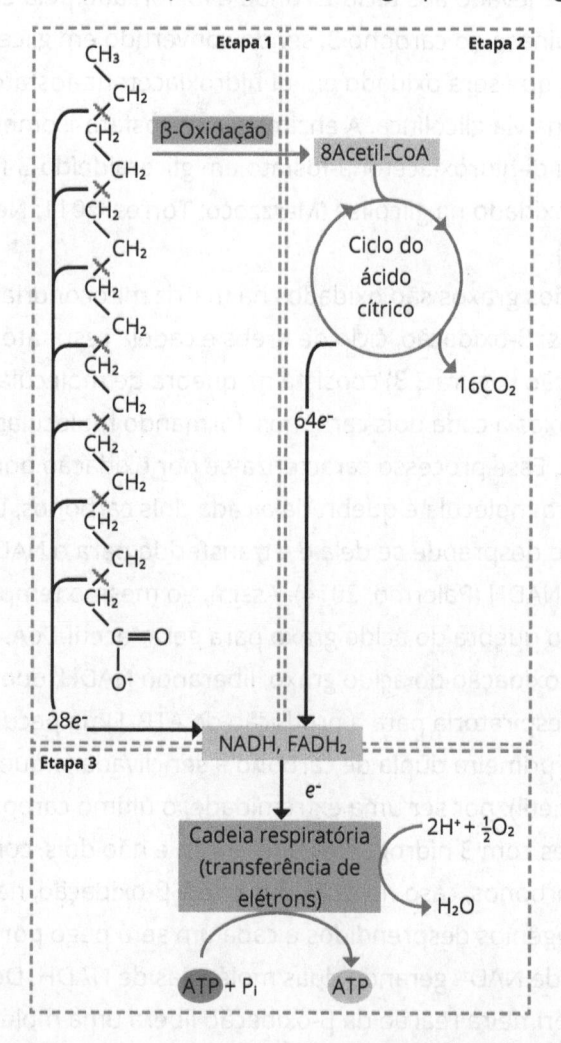

Fonte: Nelson; Cox, 2014, p. 673.

A Figura 3.3 representa as etapas da produção de energia a partir de ácidos graxos, são elas: Etapa 1 – β-oxidação; Etapa 2 – ciclo de Krebs; Etapa 3 – cadeia respiratória. É importante notar que a β-oxidação tem ação dupla, gerando moléculas de acetil-CoA para o ciclo de Krebs enquanto oxida os ácidos graxos, formando NADH para a cadeia respiratória (Nelson; Cox, 2014). As moléculas de acetil-CoA liberadas pela β-oxidação entrarão na segunda etapa da oxidação dos ácidos graxos, ou seja, no ciclo de Krebs (ver subcapítulo 2.4). Quando oxidadas, produzirão NADH, $FADH_2$, ATP e as moléculas intermediárias do ciclo. As coenzimas reduzidas (NADH, $FADH_2$) seguirão para a terceira e última etapa da oxidação dos ácidos graxos – a cadeia respiratória (ver subcapítulo 2.6) –, na qual cederão os H para gerar um fluxo de elétrons e expulsar os prótons para o espaço intermembranas, os quais voltarão pela ATP-sintase, movendo-a e fornecendo energia para que ela converta ADP e P_i em ATP (Marzzoco; Torres, 2011; Nelson; Cox, 2014).

O que torna a molécula de lipídeo mais rica em energia do que a de carboidrato é o poder redutor do ácido graxo, muito maior que o da glicose, o que ocorre por ele apresentar um número mais elevado de H, que podem ser doados para o NAD^+. Além disso, a grande quantidade de carbonos dos lipídeos permite que várias moléculas de acetil-CoA sejam produzidas, promovendo a ocorrência simultânea de vários ciclos de Krebs, gerando diversos ATPs na cadeia respiratória. Assim, animais em período de hibernação utilizam energia da β-oxidação para manter o metabolismo basal durante os meses de sono (Nelson; Cox, 2014).

O sistema nervoso não é capaz de absorver o ácido graxo do plasma, razão pela qual os organismos necessitam de um intermediário quando os lipídeos se tornam a principal fonte energética. Como a oxidação de ácidos graxos gera uma grande quantidade de acetil-CoA, conforme as demandas energéticas do organismo vão sendo satisfeitas, ocorre um acúmulo de acetil-CoA, cujo metabolismo é direcionado para a cetogênese, ou seja, para a produção de corpos cetônicos, como o ácido acetoacético, o ácido di-hidroxibutírico e a acetona, na matriz mitocondrial. Os corpos cetônicos também são usados como fonte de energia e, quando lançados no sangue, o sistema nervoso captura-os para produzir energia (Marzzoco; Torres, 2011; Nelson; Cox, 2014). A quebra excessiva de ácidos graxos, no jejum prolongado ou em caso de diabetes, seguida de síntese de grande quantidade de corpos cetônicos provoca o acúmulo destes no plasma, os quais, por sua característica ácida, levam à redução das reservas alcalinas, como o sódio, e à consequente diminuição do pH plasmático, desencadeando a acidose metabólica. O não tratamento da acidose pode levar a óbito (Nelson; Cox, 2014; Palermo, 2014).

3.3 Ácidos graxos saturados e insaturados

Os ácidos graxos caracterizam-se por apresentar uma cadeia de hidrocarboneto que contém duas extremidades características: o grupo metil e o grupo carboxil. Eles são classificados de acordo com as ligações entre os carbonos (ver subcapítulo 1.3), podendo ser saturados, quando possuem ligações simples entre os carbonos, e insaturados, quando apresentam uma ligação dupla (monoinsaturados) ou mais ligações duplas (poli-insaturados) entre os carbonos (Marzzoco; Torres, 2011; Nelson;

Cox, 2014; Palermo, 2014; Harvey; Ferrier, 2012; Voet; Voet; Pratt, 2008).

A presença ou a ausência de insaturações (duplas ligações) determina algumas propriedades dos lipídeos, como o estado físico em temperatura ambiente. Ácidos graxos saturados tendem a ser sólidos em temperatura ambiente, visto que as cadeias são lineares, permitindo que os ácidos graxos fiquem mais próximos. Essa proximidade gera uma estrutura mais rígida e, portanto, sólida. Por esse motivo, o ponto de fusão desse tipo de ácido graxo tende a ser maior quando comparado ao dos ácidos graxos insaturados com o mesmo número de carbonos. Por outro lado, os ácidos graxos insaturados apresentam dobras na estrutura causadas pelas insaturações. Essas dobras deixam os ácidos graxos mais afastados, tornando o arranjo mais fluido e com temperatura de fusão menor. Dessa forma, os ácidos graxos insaturados tendem a ser líquidos em temperatura ambiente (Nelson; Cox, 2014).

Os ácidos graxos poli-insaturados são considerados essenciais, sendo conhecidos como ômega 3, 6, 7 e 9, pois, mesmo que os organismos multicelulares, assim como os humanos, possuam vias de síntese de ácidos graxos poli-insaturados, a produção não consegue atender às necessidades do organismo, razão pela qual eles devem estar presentes na alimentação a fim de complementar a produção (Nelson; Cox, 2014). Esses ácidos graxos estão associados a diversas ações do sistema imunológico (Perini et al., 2010). Nesse sentido, o ômega 3 e 6 são os mais conhecidos, por serem mais abundantes nos alimentos. Basicamente, o ômega 3 está associado a processos anti-inflamatórios, sendo amplamente utilizados como suplemento em doenças autoimunes. Por outro lado, o ômega 6 se comporta como ativador do processo inflamatório, estando relacionado com a formação de trombos e placas de ateroma (Perini et al., 2010).

3.4 Ativação dos ácidos graxos e transporte para a mitocôndria

Embora os ácidos graxos sejam armazenados no citoplasma das células, a β-oxidação ocorre, na verdade, na matriz mitocondrial. Então, para que isso aconteça, os ácidos graxos devem sem transportados para a matriz. As moléculas de ácido graxo de até 12 carbonos são consideradas pequenas e capazes de atravessar as membranas da mitocôndria sem a necessidade de transportadores. Por outro lado, as moléculas de ácido graxo com 14 ou mais carbonos, que são a grande maioria, presentes na dieta ou provenientes da digestão do triacilglicerol do adipócito, precisam de ajuda, visto que não conseguem ultrapassar as membranas mitocondriais sem um processo de ativação e transporte (Marzzoco; Torres, 2011; Nelson; Cox, 2014; Harvey; Ferrier, 2012; Voet; Voet; Pratt, 2008).

A ativação do ácido graxo ocorre pela ação das enzimas acil-CoA-sintetases, as quais adicionam a CoA ao ácido graxo, formando a molécula acil-CoA na face citoplasmática da membrana externa da mitocôndria, consumindo uma molécula de ATP. A formação de acil-CoA permite que essa molécula se desloque para dentro da mitocôndria no espaço intermembranas (Figura 3.4). O acil-CoA, então, interage com a molécula de carnitina por meio da enzima carnitina-aciltransferase I, que liga a molécula de carnitina ao acil-CoA, removendo a CoA e formando acil-carnitina. A partir daí, o acil-carnitina atravessa a membrana interna da mitocôndria, por meio de uma proteína de canal chamada de *translocase*, e chega até a matriz mitocondrial, onde a enzima carnitina-aciltransferase II remove a carnitina do acil-carnitina e liga o acil a uma nova molécula de CoA, formando o acil-CoA novamente na matriz mitocondrial (Nelson; Cox, 2014; Harvey; Ferrier, 2012).

Figura 3.4 – Transporte do ácido graxo pela carnitina

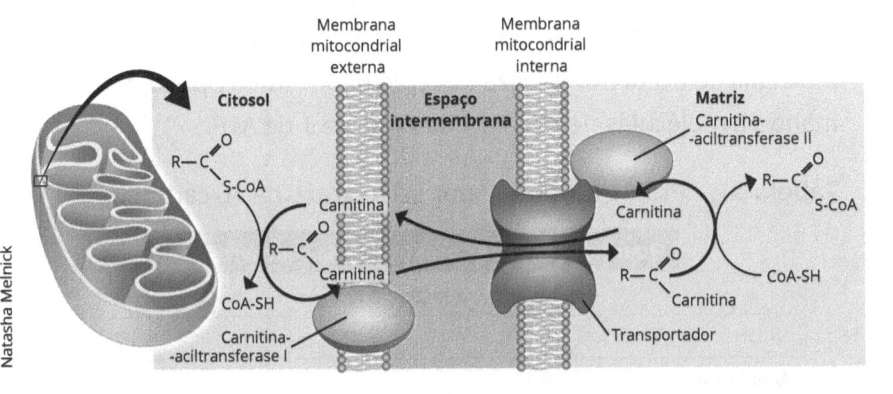

Fonte: Nelson; Cox, 2014, p. 672.

O transporte mediado pela carnitina é um fator limitante para a oxidação dos ácidos graxos na mitocôndria: a deficiência de carnitina pode causar acúmulo de ácidos graxos livres e mau aproveitamento da demanda de ácido graxo. A carnitina é produzida pela ação de aminoácidos lisina e metionina no fígado e nos rins, mas não é produzida no músculo estriado esquelético nem no cardíaco, de forma que esses músculos dependem totalmente da carnitina distribuída pelo sangue, proveniente do fígado ou da dieta. Vale lembrar que, embora haja diversos suplementos, a carnitina está presente principalmente em carnes (Harvey; Ferrier, 2012).

3.5 Balanço energético na produção de ATP

A produção de ATP por ácidos graxos depende do tamanho de cada um deles. Ao se considerar um ácido graxo de 16 carbonos, na β-oxidação ocorre a quebra a cada 2 carbonos, formando 8 moléculas de acetil-CoA, liberando 9 hidrogênios, que serão capturados pelo NAD^+, e formando 9 moléculas de NADH. Cada molécula de acetil-CoA realiza um ciclo de Krebs completo, formando 3 moléculas de NADH, 1 de $FADH_2$ e 1 de ATP.

Tabela 3.2 – Produção de ATP por ácido graxo de 16 carbonos

	Quantidade	ATPs produzidos na cadeia respiratória
β-oxidação		
NADH	9	27
Acetil-CoA	8	
Ciclo de Krebs por Acetil-CoAs produzidas na β-oxidação		
NADH	24	72
$FADH_2$	8	16
ATPS	8	8
TOTAL		**123**

Com base na Tabela 3.2, podemos concluir que serão produzidas 123 moléculas de ATP para uma molécula de ácido graxo de 16 carbonos, cerca de 3,2 vezes mais do que o oxidação completa de uma molécula de glicose (Palermo, 2014).

3.6 Biossíntese de triacilglicerol

O triacilglicerol, forma pela qual os lipídeos são estocados nos animais, serve como fonte de energia, isolante térmico e protetor contra impactos. A biossíntese de triacilglicerol é regulada pelo hormônio insulina, que estimula o armazenamento de lipídeos da dieta e a conversão dos excessos de carboidratos em lipídeos. Além disso, altas concentrações de ATP sinalizam à célula que a produção energética está maior que a demanda, reduzindo a velocidade do ciclo de Krebs e direcionando os metabólitos intermediários para a produção de moléculas de armazenamento, não de produção de energia (Nelson; Cox, 2014; Harvey; Ferrier, 2012).

Como os triacilgliceróis são formados por glicerol e três moléculas de ácidos graxo, o fígado e o adipócito realizam a junção dessas moléculas, que podem ser provenientes da dieta ou da **gliceroneogênese** (Marzzoco; Torres, 2011; Nelson; Cox, 2014; Harvey; Ferrier, 2012; Voet; Voet; Pratt, 2008). Na maioria dos tecidos, o glicerol é proveniente da glicólise, em que a di-hidroxiacetona-fosfato, formada no final da fase preparatória, é convertida em glicerol-3-fosfato pela ação da enzima glicerol-3-fosfato-desidrogenase. No fígado e nos rins, o glicerol-3-fosfato também pode ser produzido por meio da fosforilação do glicerol pela enzima glicerol-quinase. Os ácidos graxos são produzidos no citoplasma pelas moléculas de acetil-CoA presentes na matriz mitocondrial. A acetil-CoA não consegue atravessar as membranas da mitocôndria, razão pela qual, para que seja levada ao citoplasma, ela entra no ciclo de Krebs e se condensa com o oxaloacetato, formando citrato. O citrato, permeável às membranas, é transportado para o citoplasma, onde é clivado em acetil-CoA e oxaloacetato novamente (Marzzoco; Torres, 2011; Nelson; Cox, 2014). Por sua vez, a acetil-CoA sofre um processo de descarboxilação pela enzima acetil-CoA-descarboxilase, formando malonil-CoA e consumindo um ATP no processo dependente de biotina (vitamina B8). A molécula de acetil-CoA é unida às demais moléculas de malonil-CoA por uma proteína não enzimática, chamada de *proteína carregadora de acila* (ACP), constituindo, assim, uma longa cadeia de hidrocarboneto, chamada de *acil-CoA* ou *acil-graxo-CoA* (Nelson; Cox, 2014; Harvey; Ferrier, 2012; Voet; Voet; Pratt, 2008).

Uma vez que estejam disponíveis o glicerol-3-fosfato e ácidos graxos, ocorre a síntese de triacilglicerol no fígado e no tecido adiposo. O fígado produz triacilglicerol e diponibiliza-o na corrente sanguínea para que seja transportado, por lipoproteínas, até os tecidos; o tecido adiposo, por sua vez, produz o triacilglicerol para armazenamento (Marzzoco; Torres, 2011). A síntese, então, ocorre em quatro etapas, sendo a inicial aquela em que molécula de glicerol-3-fosfato recebe a primeira molécula de acil-CoA por ação da enzima glicerol-3-fosfato-aciltransferase, formando monoacilglicerol-3-fosfato (ou lisofosfatidato) e liberando uma molécula de HS-CoA. Na etapa seguinte, a segunda molécula de acil-CoA é adicionada pela enzima lisofosfatidato-aciltransferase, liberando o HS-CoA do acil e formando diacilglicerol 3-fosfato (fosfatidato). Na terceira etapa, a enzima fosfatidato-fosfatase incorpora uma molécula de água e remove o fosfato do fosfotidato, formando diacilglicerol. A quarta e última etapa consiste na adição do terceiro acil-CoA, que tem sua molécula de HS-CoA removida, formando triacilglicerol. A enzima dessa última etapa é a diacilglicerol-aciltransferase, que deixa o triacilglicerol pronto para ser armazenado no tecido adiposo ou ser disponibilizado no plasma para os demais tecidos (Marzzoco; Torres, 2011; Nelson; Cox, 2014; Harvey; Ferrier, 2012; Voet; Voet; Pratt, 2008).

Síntese

Observemos o seguinte esquema para uma compreensão geral das lipoproteínas.

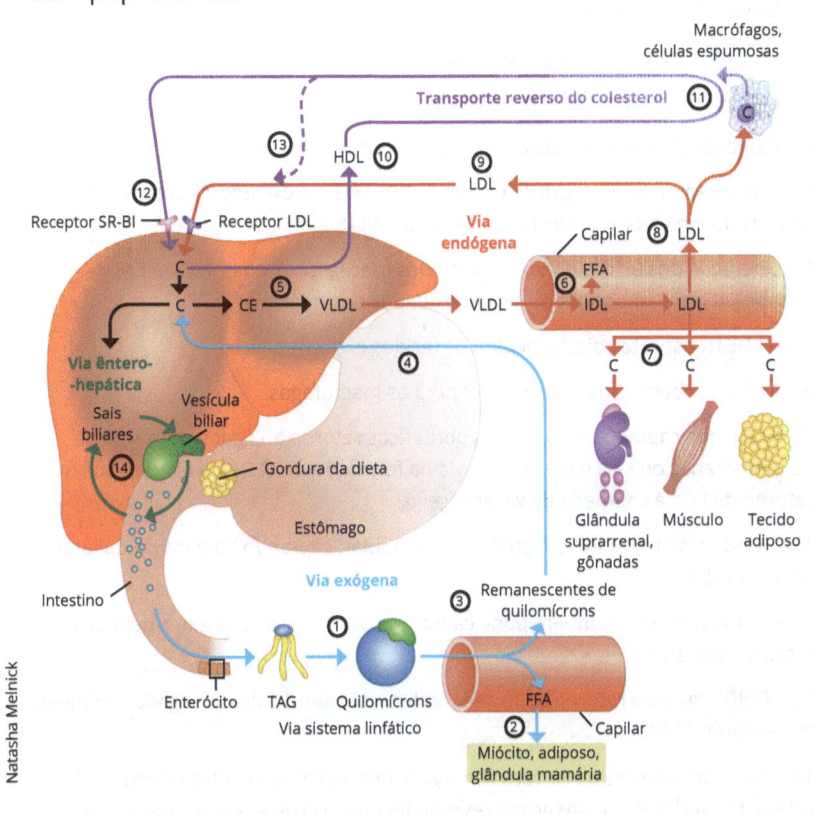

Legenda

HLD = Lipoproteína de alta densidade

LDL = Lipoproteína de baixa densidade

VLDL = Lipoproteína de muito baixa densidade

IDL = Lipoproteína de densidade intermediária

FFA = Ácidos graxos livres

TAG = Triacilglicerol

1 – Síntese de quilomicra.

2 – Liberação de ácidos graxos para os tecidos.

3 – Quilomicra deixa colesterol no fígado.

4 – Captação de colesterol pelo fígado (via exógena).

5 – O excesso de ácido graxo é convertido em TAG e o excesso de colesterol é convertido em éster de colesterila, formando VLDL.

6 – Liberação dos ácidos graxos a partir dos triacilgliceróis das VLDL a fim de formar TAG nos adipócitos ou serem oxidados nos miócitos.

7 – A LDL transporta colesterol para os tecidos extra-hepáticos.

8 – A LDL também entrega colesterol para os macrófagos.

9 – A LDL não captada pelos tecidos periféricos retorna ao fígado para síntese de membranas ou sais biliares. Essa via da formação de VLDL no fígado após o retorno de LDL é chamada de *via endógena*.

10 – A HDL é sintetizado no fígado e pode circular, captando lipídeos da quilomicra e da VLDL.

11 – A HDL nascente também pode captar colesterol de células extra-hepáticas (ricas em colesterol).

12 – A HDL madura retorna ao fígado, onde o colesterol é descarregado por meio do receptor SR-BI.

13 – Parte dos ésteres de colesterila na HDL também pode ser transferida à LDL. O circuito da HDL é o **transporte reverso do colesterol**. A maior parte desse colesterol é convertido em sais biliares no fígado e armazenado na vesícula biliar.

14 – Os sais biliares são reabsorvidos pelo fígado e recirculam pela vesícula biliar na **circulação êntero-hepática**.

Atividades de autoavaliação

1. Relacione os lipídeos da primeira coluna com as respectivas funções presentes na segunda:

   I) Colesterol ( ) Composição da membrana plasmática
   II) Triacilglicerol ( ) Produção de hormônios
   III) Fosfolipídeos ( ) Produção de energia

   A sequência correta de correlação, de cima para baixo, é:

   (A) I, II e III.
   (B) I, III e II.
   (C) II, I e III.
   (D) II, III e I.
   (E) III, I e II.

2. O consumo de ácidos graxos poli-insaturados reduz os níveis de colesterol e triglicerídeos plasmáticos, diminuindo, por consequência, as chances de se desenvolver uma doença cardiovascular. Assinale a alternativa em que se encontra um ácido graxo poli-insaturado:

   a) Metanol.
   b) Colesterol.
   c) Glicerol.
   d) Triacilglicerol.
   e) Ômega 3.

3. Sobre a digestão de lipídeos provenientes da alimentação, assinale a alternativa correta:

A) Os triglicerídeos são absorvidos diretamente pelos enterócitos, sem a necessidade de digestão, graças ao auxílio da bile no processo de absorção.

B) A bile, produzida pela vesícula biliar, emulsifica o lipídeo no duodeno, auxiliando os processos de digestão e de absorção, que recebem o nome de *síntese de novo*.

C) Os triacilgliceóis são formados por glicerol e ácidos graxos, razão por que devem ser digeridos no duodeno com o auxílio da bile, antes de serem absorvidos pelos enterócitos.

D) A digestão de lipídeos em ambiente ácido, como o estômago, permite a formação de detergente, o que facilita o processo de absorção.

E) A saponificação e a reação oposta à esterificação se caracterizam pela síntese de lipídeos com detergente para armazenamento nos adipócitos.

4. O colesterol é um importante constituinte das membranas celulares, estando relacionado à síntese dos hormônios esteroides e sais biliares. No plasma, ele se encontra ligado a corpúsculos lipoproteicos, conforme mostra a figura a seguir.

Estrutura e composição das lipoproteínas

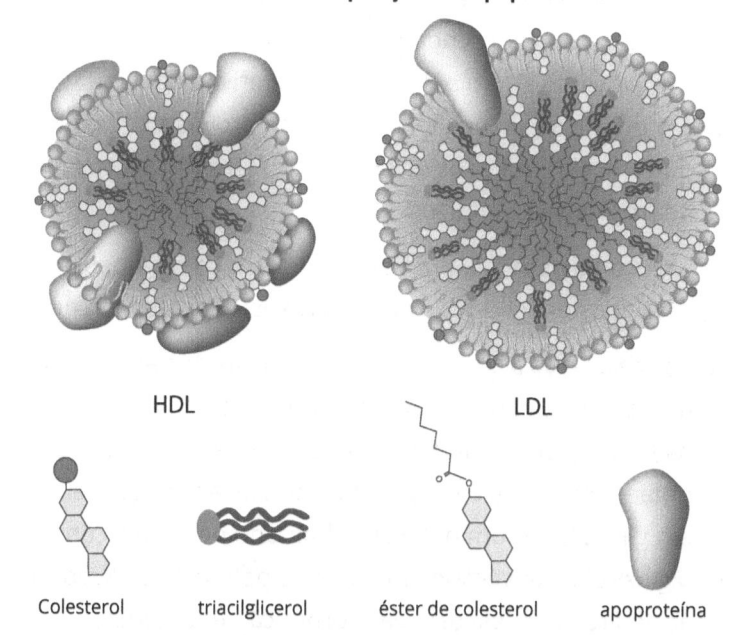

HDL   LDL

Colesterol   triacilglicerol   éster de colesterol   apoproteína

LDL – *low density lipoprotein* ou lipoproteína de baixa densidade.
HDL – *high density lipoprotein* ou lipoproteína de alta densidade.

Considere, com base no exposto, a seguinte afirmativa:

"Há uma relação direta entre as taxas de colesterol no sangue e a incidência de ateromas, tromboses e infartos".

Marque a opção que apresenta conclusão correta acerca dessa afirmativa:

A Concentrações de HDL e LDL não têm importância na avaliação da predisposição para o infarto.

B Alta concentração de HDL e baixa concentração de LDL significam pequeno risco de infarto.

C Alta concentração de LDL e baixa concentração de HDL significam menor risco de infarto.

D O aumento das taxas de colesterol depende somente da alimentação, não sendo influenciado por fatores genéticos, estresse, fumo e diminuição da atividade física.

E A afirmativa é incorreta, pois não há provas significativas que correlacionem os níveis de colesterol com a incidência de tromboses e infartos.

5. A produção de energia por lipídeos ocorre com a quebra dos triglicerídeos em glicerol e ácidos graxos, processo em que:

A o glicerol e os ácidos graxos são convertidos em glicose na mitocôndria, para a produção energética.

B os ácidos graxos são descartados por serem tóxicos ao organismo, e o glicerol produz energia, ao ser convertido em glicose, por um processo chamado de β-oxidação.

C o glicerol é convertido em piruvato pelo ciclo de Krebs, e o ácido graxo em glicose, para produção energética.

D o ácido graxo é descartado no ciclo da ureia por ser tóxico, e o glicerol é usado para produzir glicose e manter a normoglicemia.

E os ácidos graxos são utilizados para a produção de energia com a β-oxidação, e o glicerol é convertido em gliceraldeído-3-fosfato para entrar na via glicolítica.

6. A ocorrência do catabolismo de lipídeos depende de os triacilgliceróis armazenados nos adipócitos serem quebrados a fim de suprir as necessidades energéticas do corpo. Para tanto:

A sob ação da epinefrina, o segundo mensageiro ativa a lipase para quebrar o glicogênio das células e convertê-lo em lipídeos a serem lançados na corrente sanguínea.

B quando sobe o nível de insulina no sangue, os transportadores GLUT4 são produzidos com o objetivo de retirar os lipídeos dos adipócitos e disponibilizá-los na corrente sanguínea.

C sob ação do glucagon, a proteína PKA fosforila a perilipina, que libera o acesso aos triglicerídeos para que a lipase faça a digestão.

D a liberação de PKA na corrente sanguínea ativa a migração dos transportadores GLUT4 para a membrana da célula, a fim de que ativem a lipase.

E sob ação da perilipina, a enzima GLUT4 ativa a enzima lipase para que ela degrade a PKA, liberando os lipídeos na corrente sanguínea.

7. Para responder esta questão, analise o gráfico a seguir.

Ácidos graxos e glicose por músculo esquelético de acordo com a intensidade da atividade

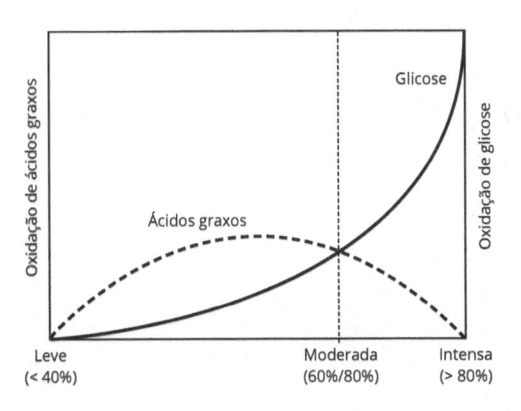

Fonte: Silveira et al., 2011, p. 308.

Com base no exposto, classifique as afirmativas seguintes em V (verdadeiras) ou F (falsas).

( ) Durante atividade moderada e intensa, o músculo prioriza a utilização de glicose para a produção de energia pela glicólise.

( ) Os ácidos graxos são sempre o primeiro substrato para a produção de energia pelo músculo esquelético, independentemente da intensidade da atividade física.

( ) Na atividade leve, a fibra muscular trabalha em aerobiose e, por isso, utiliza ácidos graxos a fim de preservar a glicose no fígado para os casos em que houver necessidade de fermentar em alta e moderada intensidades.

( ) A glicólise sempre ocorrerá na atividades moderada e alta, razão pela qual não acontece durante atividades de baixa intensidade.

Agora, assinale a alternativa que contém a sequência correta:

A V, V, F, V.

B F, V, V, F.

C F, F, V, F.

D V, F, V, F.

E V, F, F, V.

8. Analise o gráfico a seguir:

Concentração de corpos cetônicos no plasma ao longo de um jejum prolongado

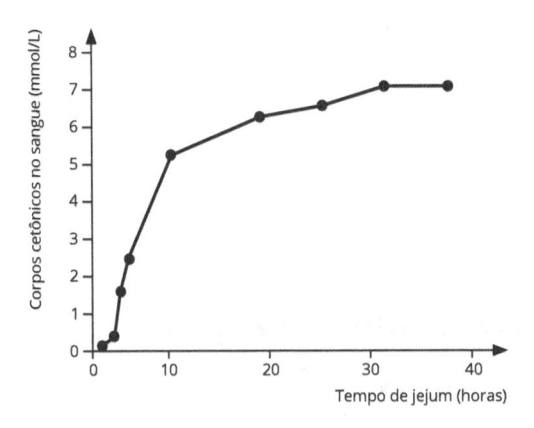

Fonte: Fontes, 2014.

Com base no exposto, analise as afirmações que seguem.

I) Os corpos cetônicos são fonte de energia para o sistema nervoso, uma vez este não é capaz de capturar ácidos graxos do plasma para manter produção de energia.

II) O jejum prolongado e o diabetes aumentam a concentração de corpos cetônicos no plasma; o excesso de glicose é convertido em acetil-coenzima A, formando alta concentração de corpos cetônicos.

III) A quebra excessiva de ácidos graxos leva ao acúmulo de acetilcoenzima A, que é convertida no fígado em corpos cetônicos, os quais, por sua vez, graças ao caráter ácido, podem levar o indivíduo à acidose metabólica.

IV) Os corpos cetônicos aumentam com o tempo em razão de sua toxidade, o que provoca aumento gradativo do catabolismo lipídico.

V) Os corpos cetônicos apenas podem ser formados se o anabolismo de lipídeos for excessivo e produzir grande quantidade de triacilglicerol.

São verdadeiras apenas as afirmativas:

A I e III.

B I, II e IV.

C II e V.

D III e IV.

E III e V.

Atividades de aprendizagem

Questões para reflexão

1. Uma foca é tratada com base em dieta rica em lipídeos. Embora tenha apresentado aumento da massa corporal, ela se mostra abatida e fatigada. Os veterinários, nesse caso, suspeitam de uma falha na carnitina. Essa teoria seria aceitável? Justifique.

2. Uma paciente diabética chega ao consultório com dores de cabeça, cansaço, fraqueza e relata que é adepta do jejum intermitente, em razão do qual permanece durante cerca de 12 horas sem fazer uma refeição, quando percebe um hálito cetônico. Aflita em relação ao fato de estar ou não comendo corretamente, ela afirma que faz atividade física e tem uma dieta balanceada. De acordo com as características da paciente, explique quais são as vias metabólicas de uma pessoa diabética em jejum prolongado até desenvolver esses sintomas. Considere o hormônio envolvido.

Atividade aplicada: prática

1. Mapas conceituais são formas não lineares de organizar ideias e conteúdos de forma eficiente na orientação dos estudos. Embora possa se manifestar de diversas formas, o mapa conceitual geralmente é formado por termos (palavras ou frases curtas) ligados por setas para indicar as associações. Os termos considerados relevantes para um determinado tema são selecionados e organizados de forma hierárquica: do termo mais geral para o mais específico (Silverthorn, 2017). É importante não esquecer de usar "termos de ligação", os quais indicam a relação entre o termo de maior hierarquia com o(s) de menor(es) hierarquia, associando-os de forma correta.

Mapa conceitual dos componentes da membrana plasmática das células

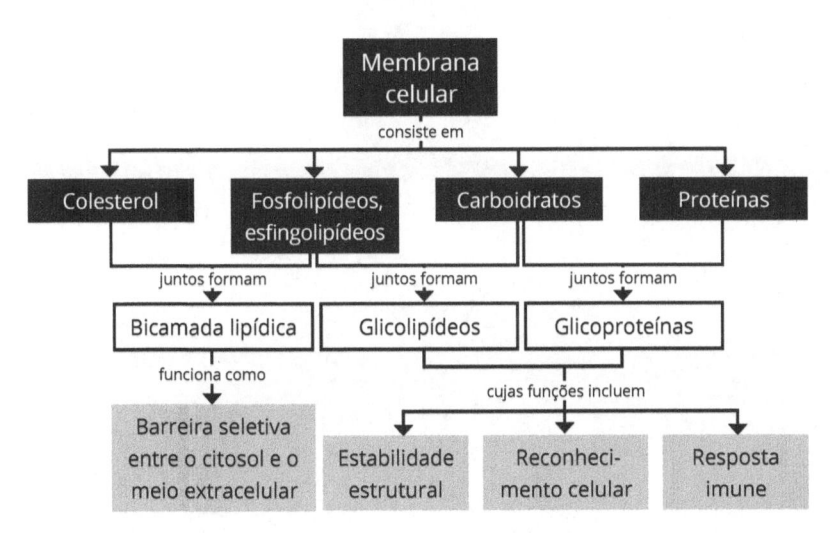

Fonte: Silverthorn, 2017, p. 63.

Veja que os termos de ligação unem os termos principais (dentro dos quadros), garantindo que a associação entre eles seja correta. Agora que você aprendeu como se formam os mapas conceituais e de que modo eles podem auxiliar os estudos, elabore um mapa conceitual dos três grupos de lipídeos: triacilglicerol, colesterol e fosfolipídeos, indicando as respectivas composições e funções.

CAPÍTULO 4

METABOLISMO DOS AMINOÁCIDOS,

Os aminoácidos são usados como fonte energia quando os demais nutrientes estão escassos ou durante a atividade física em anaerobiose. Nos mamíferos, que não apresentam um estoque de proteínas, os músculos abrigam a maior parte delas, embora estejam exercendo funções de contração. Vale dizer que utilizar proteínas como fonte de energia implica na redução da massa e da eficiência muscular. Além disso, esse armazenamento é limitado de acordo com a massa muscular, pois, quando o consumo de proteínas excede a capacidade de armazenamento nos músculos, os excessos são eliminados (Marzzoco; Torres, 2011).

As proteínas da dieta são inicialmente digeridas no estômago. O suco gástrico, com pH em torno de 2,5, desnatura as proteínas, rompendo principalmente as ligações de hidrogênio e expondo as ligações peptídicas, que não são quebradas por serem ligações covalentes. Entretanto, a enzima pepsina é uma endopeptidase, que cliva as ligações peptídicas presentes no interior da cadeia de proteínas, digerindo-as em pequenos peptídeos. A pepsina não consegue clivar as proteínas em aminoácidos livres por necessitar ancorar-se em uma superfície a fim de realizar a digestão (Palermo, 2014). Os peptídeos gerados no estômago são direcionados para o duodeno, onde sofrem a ação das enzimas endopeptidases tripsina e quimiotripsina, que são produzidas pelo pâncreas e lançadas no duodeno. Essas enzimas clivam os peptídeos pelo meio da cadeia, gerando peptídeos menores; estes, por sua vez, sofrerão a ação de exopeptidases intestinais. As exopeptidases são enzimas que clivam os peptídeos pelas extremidades, liberando dipeptídeos e aminoácidos livres (Nelson; Cox, 2014; Palermo, 2014).

Dois tipos de exopeptidases são mais conhecidas: as carboxiexopeptidases, que clivam pela extremidade e são dotadas do grupo carboxil livre, e as aminoexopeptidases, que clivam o peptídeo pela extremidade e contêm o grupo amino livre. Ainda, quando necessário, existem as dipeptidases, responsáveis pela clivagem em aminoácidos livres, que serão absorvidos pelas vilosidades do jejuno e do íleo por transporte ativo secundário, em um mecanismos de cotransporte com o sódio até a corrente sanguínea (Palermo, 2014; Harvey; Ferrier, 2012).

Durante o anabolismo proteico, os aminoácidos provenientes da dieta são utilizados para a síntese de novas proteínas conforme a necessidade dos tecidos. Nessa etapa, os aminoácidos são ligados ao RNAt (ver subcapítulo 5.4) para que possa ser utilizado na síntese proteica (Nelson; Cox, 2014). Em contrapartida, na fase de catabolismo – ou com o excesso de proteínas –, aquelas recrutadas para servir de fonte energética são degradadas por um sistema denominado *ubiquitina-proteassomo*, no qual uma proteína chamada *ubiquitina* marca a proteína a ser degradada. Após a marcação, a ubiquitina interage com um complexo proteico chamado de *proteassomo*, capaz de quebrar as ligações peptídicas das proteínas ubiquitinadas. A ubiquitina resiste à hidrólise, podendo ser reaproveitada para marcar outras proteínas e novos ciclos proteolíticos (Marzzoco; Torres, 2011; Nelson; Cox, 2014; Harvey; Ferrier, 2012).

⚠ Importante

Alguns aminoácidos são produzidos pelos organismos a partir de outros aminoácidos e, até mesmo, de outros nutrientes. No entanto, uma vez que alguns aminoácidos não são produzidos pelo organismo, eles devem ser ingeridos na alimentação. Esses aminoácidos são chamados de *essenciais*. Para os humanos, os aminoácidos essenciais são: histidina, isoleucina, leucina, lisina, metionina, fenilalanina, treonina, triptofano e valina (Nelson; Cox, 2014). Entretanto, essa lista é bastante variada entre os animais. Animais herbívoros precisam ser capazes de sintetizar um número maior de aminoácidos, uma vez que a disponibilidade deles em vegetais é menor do que em alimentos de origem animal. Coelhos, por exemplo, apresentam como aminoácidos essenciais apenas arginina, lisina, metionina, treonina, triptofano e cisteína (Bacila, 1980). Além disso, existem ainda os aminoácidos que são "condicionalmente essenciais", que correspondem àqueles que o organismo é capaz de produzir, porém, com base em aminoácidos essenciais. Em humanos, os aminoácidos condicionalmente essenciais são: arginina, cisteína, glutamina, glicina, prolina e tirosina (Nelson; Cox, 2014). Uma vez que as proteínas foram digeridas, os aminoácidos liberados podem ser reaproveitados pelas células de acordo com a necessidade ou quebrados em duas partes: i) o grupo amino; e ii) o esqueleto carbônico restante, que recebe o nome de *α-cetoácido*. Esse mecanismo garante o balanço nitrogenado do organismo, que regula a quantidade de compostos nitrogenados nos seres vivos (Figura 4.1) (Harvey; Ferrier, 2012).

Figura 4.1 – Mapa conceitual do metabolismo de aminoácidos

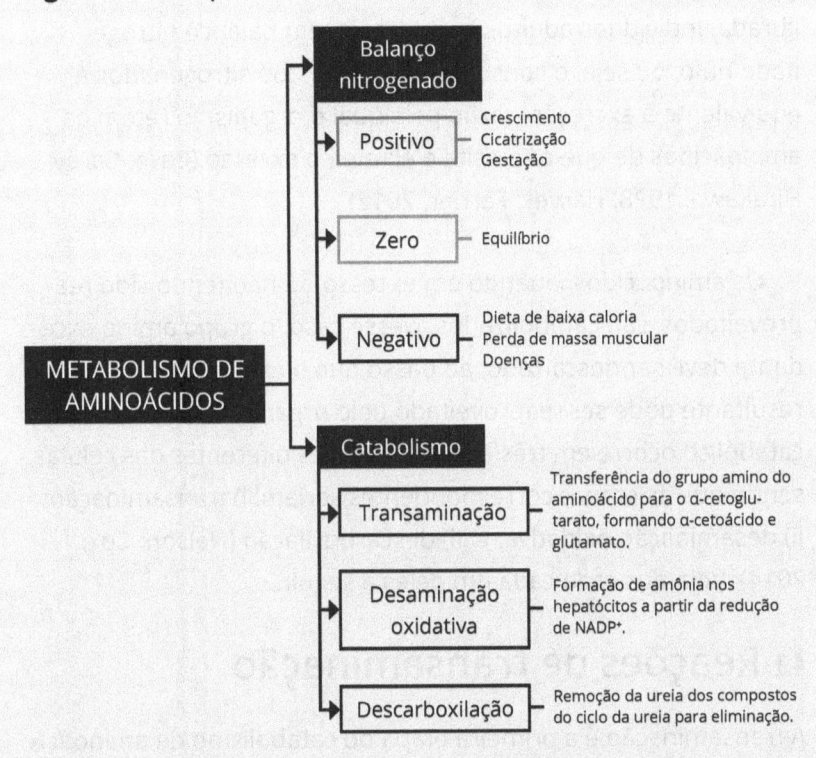

O balanço nitrogenado quantifica a diferença entre os compostos nitrogenados que entram e os que saem do organismo. O excesso de aminoácidos promove o catabolismo destes nas células, a conversão dos grupos aminos em amônia e, posteriormente, em ureia, para eliminação via urina. Indivíduos em crescimento ou em recuperação de uma grande lesão, ou, ainda, fêmeas gestantes, apresentam balanço nitrogenado positivo, uma vez que o consumo passa a ser maior do que a excreção. Por outro lado, o balanço negativo é característico de indivíduos que estejam muito doentes ou que mantenham dieta desequi-librada. Indivíduos adultos e saudáveis têm balanço nitroge-nado nulo, ou seja, o consumo de compostos nitrogenados é equivalente à excreção, razão pela qual o organismo retém os aminoácidos de que necessita e elimina o excesso (Case; Carey; Hirakawa, 1998; Harvey; Ferrier, 2012).

Os aminoácidos, quando em excesso ou não tendo sido rea-proveitados, são catabolizados. Nesse caso, o grupo amino exce-dente deve ser descartado, ao passo que o esqueleto carbônico resultante pode ser reaproveitado pelo organismo. O processo catabólico ocorre em três etapas e regiões diferentes das células, sendo que as etapas correspondentes seriam: i) transaminação; ii) desaminação oxidativa; e iii) descarboxilação (Nelson; Cox, 2014). Vejamos cada cada um deles a seguir.

4.1 Reações de transaminação

A transaminação é a primeira etapa do catabolismo de aminoáci-dos e ocorre no citoplasma de qualquer célula que esteja que-brando proteínas. Essa etapa consiste na transferência do grupo amino do aminoácido para uma molécula receptora chamada de *α-cetoglutarato* (Figura 4.2). O aminoácido, quando perde seu grupo amino, transforma-se em uma nova molécula chamada de *α-cetoácido*, ao passo que a inserção de um grupo amino ao α-ce-toglutarato transforma-o em um novo aminoácido denominado *glutamato*. O glutamato passa a ser doador de grupo amino para as vias biossintéticas ou vias de excreção, ou seja, quando os produtos nitrogenados não utilizados serão excretados. A transaminação é realizada por um grupo de enzimas denominadas *transaminases* ou *aminotransferases*. Embora exista uma transaminase específica para cada aminoácido, todas elas realizam o processo de transaminação, formando glutamato, e apresentam o piridoxal-fosfato (PLP) como grupo prostético. A vitamina B6 (piridoxina) é essencial para esse processo, uma vez que é a molécula precursora do piridoxal-fosfato (Nelson; Cox, 2014; Harvey; Ferrier, 2012; Voet; Voet; Pratt, 2008).

Figura 4.2 – Esquema da reação de transaminação

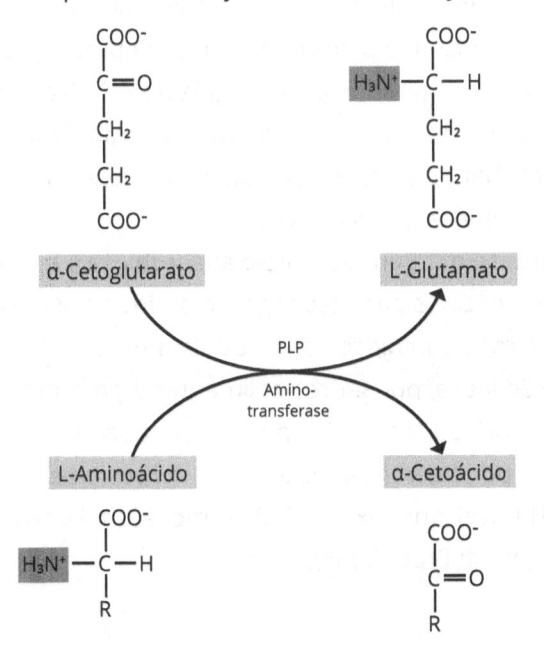

Fonte: Nelson; Cox, 2014, p. 699.

O processo de transaminação do aminoácido alanina é peculiar porque a remoção do grupo amino da alanina gera um α-cetoácito muito conhecido e importante para o metabolismo energético: o piruvato (objeto de estudo do Capítulo 2). Por essa razão, a alanina pode ser usada, durante a atividade física, na produção de energia de forma rápida e eficiente para o músculo em anaerobiose (Figura 4.3). A alanina oriunda das proteínas do músculo é conduzida para a corrente sanguínea e capturada pelo fígado. Os hepatócitos são responsáveis pela gliconeogênese ao realizar a transaminação da alanina, gerando piruvato, que é convertido em glicose. Essa glicose é lançada na corrente sanguínea e capturada pelos músculos para produzir energia pela via glicolítica, gerando piruvato (Figura 4.3). Nas células musculares, o grupo amina do glutamato é transferido para o piruvato, formando novamente a alanina, que, ao ser lançada na corrente sanguínea, reinicia o ciclo.

Esse ciclo se mantém durante a anaerobiose e enquanto houver aminoácidos para ceder grupo amino para o piruvato. Esse ciclo é mais vantajoso para a célula muscular do que a fermentação lática, por ser retroalimentado, garantindo sua repetição contínua, e também por não produzir ácido lático, que em excesso pode gerar danos às fibras musculares (Marzzoco; Torres, 2011; Nelson; Cox, 2014; Palermo, 2014; Harvey; Ferrier, 2012; Voet; Voet; Pratt, 2008).

Figura 4.3 – Ciclo glicose-alanina

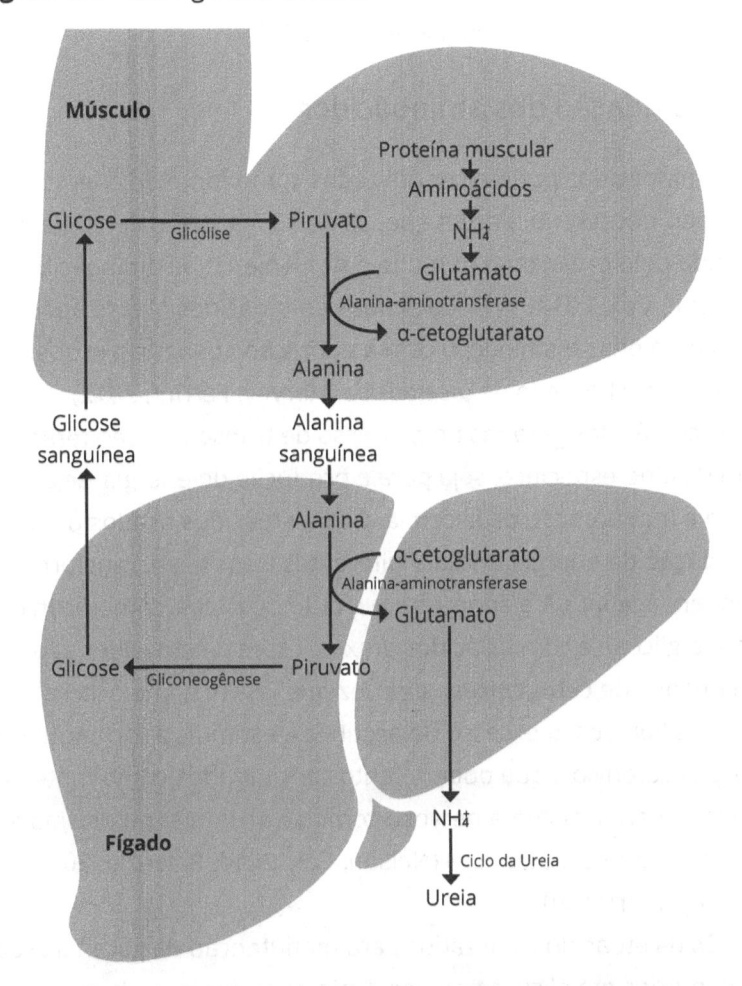

Fonte: Nelson; Cox, 2014, p. 703.

Embora os músculos sejam dependentes de insulina para a captação de glicose, durante a atividade física, a contração muscular estimula o deslocamento dos transportadores GLUT4 para a membrana plasmática, permitindo a captação de glicose sem a necessidade de insulina, garantindo fonte de energia para o músculo em contração (Pauli et al., 2009).

4.1.1 Oxidação dos aminoácidos

Os aminoácidos podem ser utilizados como fonte de energia quando necessário, porém apenas de 10% a 15% da energia produzida pelo organismo humano é proveniente de aminoácidos (Nelson; Cox, 2014). A oxidação dos aminoácidos ocorre após o processo de transminação com a utilização apenas do esqueleto carbônico, chamado de *α-cetoácido* (Harvey; Ferrier, 2012). Todos os α-cetoácidos gerados no processo de transaminação terão um destino específico, seja para a produção de energia, seja para a manutenção da glicemia. Os α-cetoácidos usados para a produção de energia utilizam diferentes vias até se transformarem em acetil-CoA e adentrarem o ciclo de Krebs, como ocorre com a glicose e com os ácidos graxos. Esses α-cetoácidos são chamados de **cetogênicos**, uma vez que, assim como ocorre com os lipídeos, o excesso de acetil-CoA estimula a formação de corpos cetônicos, que podem tanto ser utilizados como fonte de energia para o sistema nervoso como se acumular no plasma e levar à acidose metabólica (Nelson; Cox, 2014; Palermo, 2014; Harvey; Ferrier, 2012).

Os α-cetoácidos, utilizados para manutenção da glicemia, são convertidos em glicose por vias distintas e, por isso, chamados de **glicogênicos**. Estes podem ser convertidos em piruvato ou intermediários do ciclo de Krebs (como α-cetoglutarato, succinil-CoA, fumarato ou oxaloacetato) para serem, posteriormente, convertidos em glicose, a fim de manter a normoglicemia (Nelson; Cox, 2014; Palermo, 2014). Para o processo de oxidação, os aminoácidos prolina, histidina, arginina, glutamato e glutamina são usados para formar o α-cetoglutarato do ciclo de Krebs. A oxidação do α-cetoglutarato produz duas moléculas NADH – uma de $FADH_2$ e uma de ATP no ciclo de Krebs –, processo a partir do qual as coenzimas seguem para a cadeia respiratória com o intuito de doar os hidrogênios para a produção de maior quantidade de ATP. O piruvato também é produto do catabolismo de alguns aminoácidos, já que, como já vimos, a transaminação da alanina a transforma em piruvato, embora, vale dizer, outros aminoácidos – como treonina, glicina, serina, cisteína e triptofano – têm igualmente seus esqueletos carbônicos direcionados à produção desse composto orgânico. Assim, o piruvato formado pode se encaminhar para o ciclo de Krebs e sofrer a oxidação completa, produzindo ATP. Por outro lado, ele também pode ser convertido em oxaloacetato, e este em glicose, dentro da gliconeogênese, se essa for a necessidade celular (Nelson; Cox, 2014; Harvey; Ferrier, 2012).

Por outras vias, os aminoácidos metionina, isoleicina, valina e treonina são utilizados na produção de um intermediário do ciclo de Krebs: o succinil-CoA, com o objetivo de produzir energia. Entretanto, como o succinil-CoA se encontra no meio do ciclo, uma menor quantidade de ATP será gerada, se comparado àqueles que produzirão piruvato ou α-cetoglutarato. Por último, a asparagina e o aspartato entram no final do ciclo de Krebs, ao ter seus esqueletos carbônicos convertidos em oxaloacetato, razão pela qual esses aminioácidos são considerados exclusivamente glicogênicos, já que não são utilizados na produção de energia (Marzzoco; Torres, 2011; Nelson; Cox, 2014).

❓ Curiosidade

Vale ressaltar que cada α-cetoácido tem um caminho específico para chegar à produção de glicose ou de acetil-CoA. Os aminoácidos triptofano, lisina, tirosina, treonina, fenilalanina, leucina e isoleucina têm o esqueleto carbônico convertido em acetil-CoA. A conversão do triptofano é a mais longa e mais complexa, e produz intermediários utilizados para a síntese de outras biomoléculas (Nelson; Cox, 2014). A fenilalanina deve ser hidroxilada em tirosina pela enzima fenilalanina-hidroxilase, a fim de dar início a diversas vias relacionadas à produção de neurotransmissores, como adrenalina, noradrenalina, dopamina e a melanina, responsável pela pigmentação da pele. Algumas pessoas possuem uma mutação genética na enzima fenilalanina-hidroxilase, o que impossibilita a conversão em tirosina, gerando, assim, o acúmulo de fenilalanina e provocando uma condição chamada de *fenilcetonúria* (PKU) (Figura 4.4). Em uma tentativa de eliminar o excesso de fenilalanina do organismo, ocorre a conversão dela em fenilpiruvato por uma aminotransferase em um processo de transaminação. O fenilpiruvato é neurotóxico e causa danos permanentes ao sistema nervoso (Nelson; Cox, 2014; Harvey; Ferrier, 2012; Santos; Haack, 2012).

Figura 4.4 – Esquema das causas e consequências da fenilcetonúria

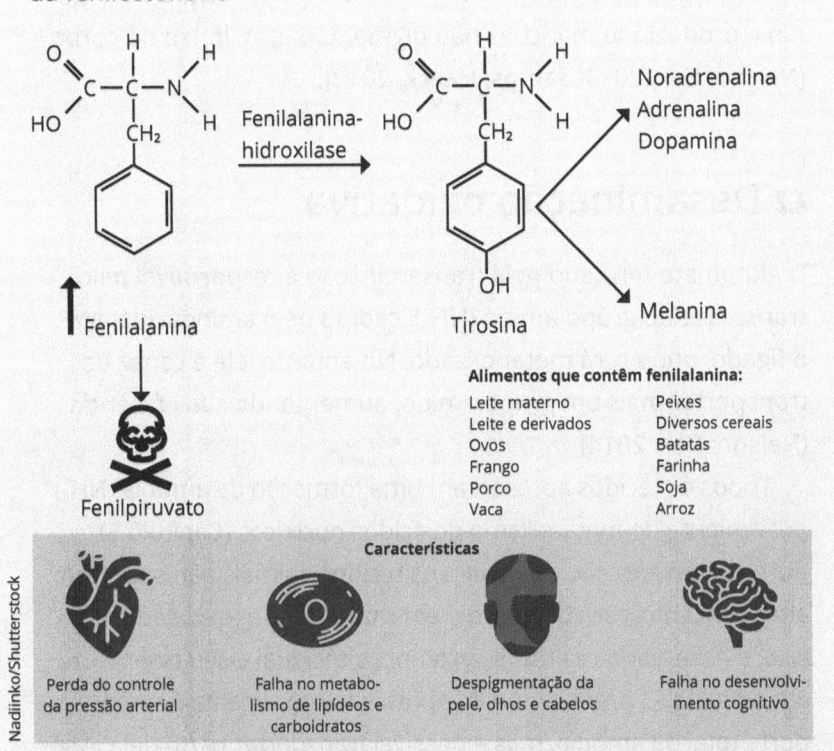

Alimentos que contêm fenilalanina:

Leite materno	Peixes
Leite e derivados	Diversos cereais
Ovos	Batatas
Frango	Farinha
Porco	Soja
Vaca	Arroz

Características

| Perda do controle da pressão arterial | Falha no metabolismo de lipídeos e carboidratos | Despigmentação da pele, olhos e cabelos | Falha no desenvolvimento cognitivo |

A PKU é detectada pelo teste do pezinho nas maternidades. O diagnóstico precoce garante que a pessoa afetada seja mantida em uma dieta que restringe os alimentos ricos em fenilalanina, como leite, ovos, carnes, batata e alguns cereais. Crianças que iniciam tal dieta desde o parto não sofrem com os sintomas da doenças, uma vez que não haverá formação de fenilpiruvato em seu organismo. Por outro lado, o acúmulo de fenilpiruvato causa danos no sistema nervoso, levando a *déficit* cognitivo da criança, comprometendo, portanto, o seu aprendizado (Santos; Haack, 2012). Além disso, a carência de tirosina em pessoas com

PKU leva à falha na produção de neurotransmissores responsáveis pelo controle da pressão arterial e na produção de melanina, produzindo manchas não pigmentadas ao longo do corpo (Nelson; Cox, 2014; Santos; Haack, 2012).

4.2 Desaminação oxidativa

O glutamato formado pela transaminação é responsável pelo transporte do grupo amino (NH_3), cedido pelo aminoácido, até o fígado, onde será metabolizado. No entanto, ele é capaz de transportar mais um grupo amino, aumentando sua eficiência (Nelson; Cox, 2014).

Todos os tecidos apresentam uma formação de amônia (NH_4) proveniente do metabolismo de ácidos nucleicos (Capítulo 5), porém, com exceção do fígado, os tecidos animais não suportam altas concentrações de amônia em razão de sua toxicidade. Por isso, é necessário realizar sua remoção tecidual e seu transporte até o fígado. O organismo não apresenta um sistema de transporte total da amônia, mas é possível transportar parte dela. Após a formação do glutamato, parte da amônia é inserida nele, na forma de um grupo amino (NH_2), convertendo o glutamato em outro aminoácido – a glutamina –, em uma reação catalisada pela enzima glutamina-sintase. Assim, a glutamina agora carrega pelo plasma dois grupos aminos até o fígado para a excreção, reduzindo, portanto, a taxa de amônia nos tecidos (Nelson; Cox, 2014).

Na matriz mitocondrial do fígado, a glutamina cede os grupos aminos para a formação da amônia na segunda etapa do catabolismo: a desaminação oxidativa. O primeiro grupo amino a ser removido é o NH_2, pela ação da enzima glutaminase. Nesse processo, é necessária uma molécula de água para ceder os H para a formação da amônia (NH_4); a glutamina, ao perder um grupo amino, volta a ser glutamato. O segundo grupo amino (NH_3, vindo do processo de transaminação dos aminoácidos) é removido pela ação da enzima glutamato-desidrogenase, que também necessita de água para realizar a liberação de amônia, porém, um H fica em excesso e é capturado pelo NAD^+, formando NADH. O esqueleto carbônico resultante é novamente o α-cetoglutarato, que pode ser reaproveitado pela célula (Nelson; Cox, 2014; Harvey; Ferrier, 2012).

4.3 Descarboxilação

As duas moléculas de amônia formadas no fígado devem ser eliminadas do organismo em razão – como já dito – da toxicidade que o composto oferece ao organismo. Peixes ósseos são amoniotélicos, isto é, eliminam amônia diretamente na água, que é diluída no ambiente sem prejudicar o animal. Por outro lado, animais terrestres não podem eliminar amônia, já que haveria necessidade de excretar, junto dela, uma enorme quantidade de água, o que seria incompatível com a fisiologia. Aves e répteis são uricotélicos, pois excretam ácido úrico que é produzido pelo catabolismo de bases nitrogenadas. Por sua vez, os mamíferos, anfíbios e peixes cartilaginosos são ureotélicos, ou seja, excretam ureia. A síntese de ureia ocorre quase que exclusivamente no fígado, no ciclo da ureia, que se inicia pela amônia, especificamente na última etapa do catabolismo de aminoácidos, chamada de *descarboxilação* (Figura 4.5) (Nelson; Cox, 2014).

A amônia formada na matriz mitocondrial do hepatócito é condensada com o ácido carbônico proveniente do CO_2 de respiração celular, formando carbamoil-fosfato em uma ação da enzima carbamoil-fosfato-sintetase I pelo consumo de uma molécula de ATP. O carbamoil-fosfato entra no ciclo da ureia e doa seu grupo carbamoil para a molécula de ornitina, em uma reação catalisada pela ornitina-transcarbamoilase, formando citrulina de forma semelhante à primeira reação do ciclo de Krebs, quando a acetil-CoA se junta ao oxaloacetato para formar citrato. A citrulina é deslocada da matriz mitocondrial para o citoplasma da célula (Nelson; Cox, 2014; Harvey; Ferrier, 2012).

Figura 4.5 – Ciclo da ureia

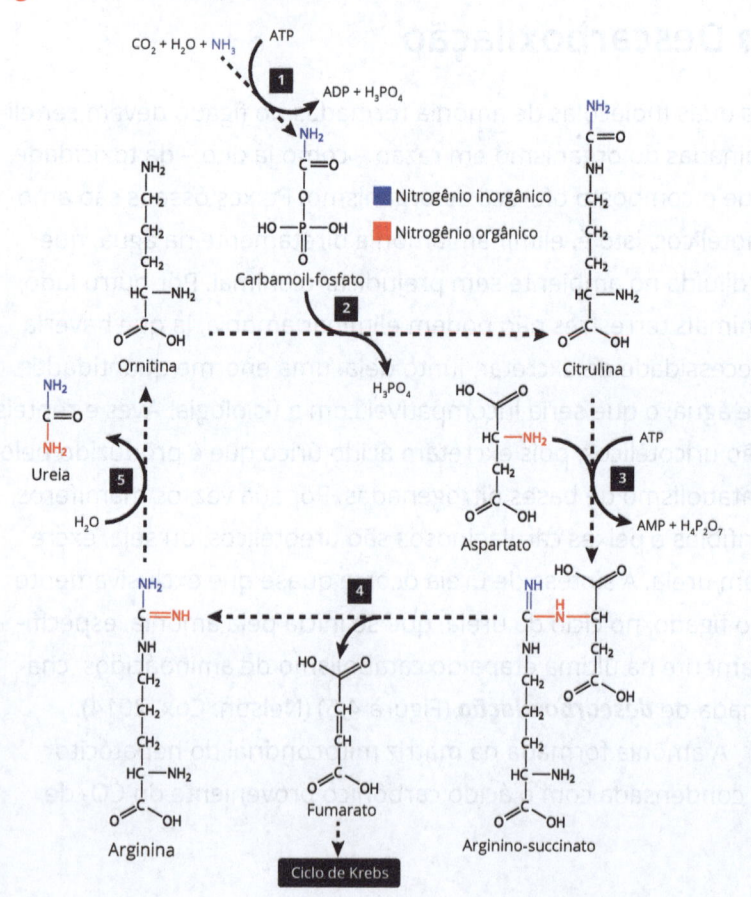

chromatos/Shutterstock

A síntese da ureia (ou ciclo da ornitina) ocorre parte na matriz mitocondrial dos hepatócitos e parte no citoplasma. Esse ciclo também é usado para a produção de aminoácidos e de intermediários que se conectam com o ciclo de Krebs, como o fumarato. As enzimas que catalisam as reações são: 1) carbamoil-fosfato-sintase I; 2) ornitina-transcarbamoilase ; 3) arginino-succinato-sintetase; 4) arginino-succinato-liase; e 5) arginase (Nelson; Cox, 2014; Harvey; Ferrier, 2012).

No citoplasma, a citrulina encontra o aminoácido aspartato, que cede a ela um segundo grupo amino, convertendo-a em arginino-succinato. Nessa etapa, a enzima arginino-succinato-sintetase utiliza uma molécula de ATP para realizar a conversão em AMP e PP_i (pirofosfato). O arginino-succinato é clivado em arginina e fumarato pela enzima arginino-succinase na única reação reversível do ciclo da ureia. O fumarato volta para a matriz mitocondrial, onde participa do ciclo de Krebs, enquanto a arginina livre é quebrada pela enzima arginase em ornitina e ureia em uma reação dependente de água. A ornitina é transferida à matriz mitocondrial a fim de reiniciar o ciclo e a ureia é lançada na corrente sanguínea para excreção (Palermo, 2014; Harvey; Ferrier, 2012). Os rins são responsáveis por remover a ureia do sangue pela filtração glomerular dos néfrons. A ureia é, então, usada para formar a urina, juntamente com água e sais minerais, para a excreção (Guyton; Hall, 2011). A excreção de amônia, ácido úrico ou urina dos diferentes animais garante a devolução de compostos nitrogenados ao ambiente, para a reciclagem do composto (Bredemeier; Mundstock, 2000).

4.4 Ciclo do nitrogênio

O nitrogênio é um elemento que possui um ciclo biogeoquímico (Figura 4.6), razão pela qual ora está no meio ambiente ora na composição dos seres vivos, em um contínuo ciclo. O elemento nitrogênio encontra-se em grande quantidade na atmosfera na forma de gás nitrogênio (N_2), que constitui cerca de 80% do ar atmosférico. Esse N_2 não pode ser incorporado por animais ou plantas, mas algumas bactérias e fungos têm a capacidade de realizar a fixação do nitrogênio atmosférico e colocá-lo na cadeia alimentar para os diversos seres vivos (Bredemeier; Mundstock, 2000).

As bactérias diazotróficas podem estar livres no solo ou asso-ciadas a raízes de leguminosas. Quando associadas a raízes, as bactérias diazotróficas do gênero *Rhizobium* captam o nitrogênio atmosférico, compartilhando-o com as plantas para a produ-ção de aminoácidos, bases nitrogenadas e demais compostos nitrogenados, ao passo que as plantas fornecem glicose, prove-niente da fotossíntese, para as bactérias. Uma vez depositados nas plantas, esses compostos nitrogenados estão inseridos na cadeia alimentar e constituirão o próximo nível trófico, quando um herbívoro ou onívoro, consumidor primário da cadeia, se alimentar desse vegetal (Bredemeier; Mundstock, 2000; Madigan et al., 2010).

A etapa seguinte depende de um consumidor secundário (carnívoro ou onívoro) se alimentar do consumidor primário, incorporando os compostos nitrogenados e utilizando-os para produzir as próprias moléculas. Esses compostos seguem na cadeia alimentar até que um dos indivíduos morra e seja decom-posto por organismos decompositores, como fungos e bactérias, que vão reciclar os nutrientes, disponibilizando os compostos nitrogenados no solo na forma de amônia ($NH4^+$) (Bredemeier; Mundstock, 2000; Nelson; Cox, 2014). Alguns fungos e algumas bactérias diazotróficas, como as do gênero *Azotobacter*, ficam livres e fazem a fixação de nitrogênio para consumo próprio, liberando no solo a amônia (Bredemeier; Mundstock, 2000; Madigan et al., 2010). As cianobactérias, também conhecidas como *algas azuis*, são capazes de realizar a fixação do nitrogênio dissolvido na água, mas não daquele dissolvido no ar atmosférico – sendo encontradas, portanto, em águas doce e salgada ou em ambientes úmidos (Madigan et al., 2010).

Figura 4.6 – Ciclo do nitrogênio

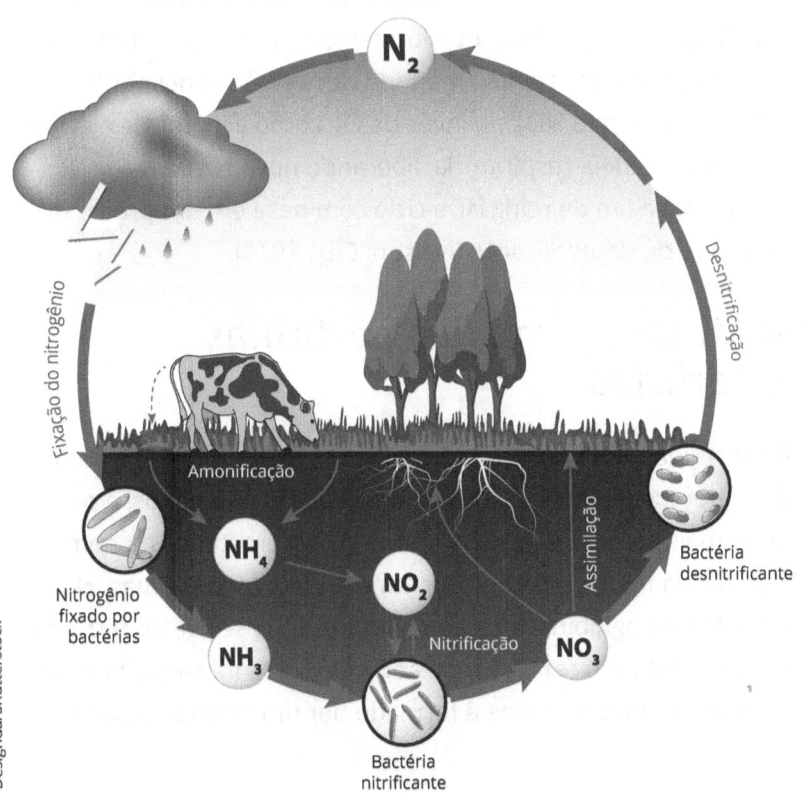

Como mostra a figura, o fluxo do nitrogênio no ambiente e nos seres vivos depende da ação de bactérias especializadas em fixar e disponibilizar o nitrogênio atmosférico para o solo e para as plantas, a fim de que ele possa ser assimilado na cadeia alimentar e faça parte, posteriormente, de todos os níveis tróficos. Essa amônia constante no solo, proveniente da fixação de bactérias livres e demais compostos nitrogenados liberados pelos seres vivos, passa por um processo de nitrificação por bactérias nitrificantes a nitrito (NO_2^-) e em seguida a nitrato (NO_3^-). Nitrito e nitrato podem ser assimilados por muitas bactérias ou por raízes dos vegetais pela ação de nitrato-redutase e nitrito--redutase, que permitem a utilização de nitrato e nitrito como fonte de nitrogênio para biossíntese de compostos nitrogenados. O balanço na quantidade de nitrogênio fixado e da quantidade de nitrogênio atmosférico é mantido por bactérias desnitrificantes, que utilizam o NO_3, ao invés de O_2, como aceptor de elétrons no final da cadeia respiratória, liberando novamente N_2 na atmosfera, a fim de reiniciar o ciclo com base em um processo chamado de *desnitrificação* (Nelson; Cox, 2014).

4.5 Metabolismo das porfirinas e porfirias

As porfirinas correspondem a moléculas cíclicas com alta afinidade por íons metálicos, como Fe^{2+} e Fe^{3+}. Em humanos, a porfirina mais comum é o grupo heme, grupo prostético da hemoglobina, da mioglobina do citocromo e de outras enzimas. No caso da hemoglobina, o oxigênio atmosférico se liga ao ferro do grupo heme para ser transportado pela corrente sanguínea até os tecidos. O grupo heme é formado por um anel tetrapirrólico de protoporfirina IX (Figura 4.7), que, graças a sua localização, necessita de constante renovação, o que estimula a sua biossíntese de forma frequente (Harvey; Ferrier, 2012). O heme é produzido no fígado de acordo com a necessidade das células por esse composto, e na medula óssea vermelha, de forma constante, uma vez que nela ocorre a produção dos glóbulos vermelhos, que necessitam de grande quantidade de heme para serem produzidos (Harvey; Ferrier, 2012).

Figura 4.7 – Representação da molécula do grupo heme

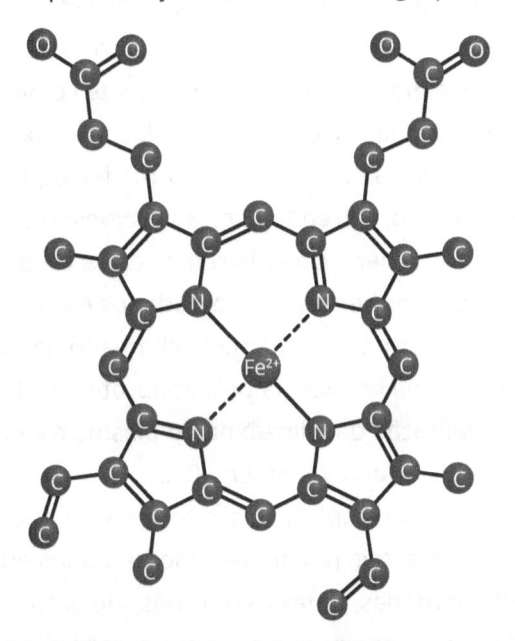

Na representação, a maioria das esferas representam átomos de carbono, algumas de nitrogênio, outras de oxigênio e a esfera central representa o átomo Fe^{2+}. Os hidrogênios não estão representados.

A síntese é feita pela condensação do aminoácido glicina com o succinil-CoA – intermediário do ciclo de Krebs –, formando o ácido δ-aminolevulínico (ALA) pela enzima ALA-sintase que, assim como as aminotransferases, depende de piridoxal-fosfato para catalisar essa reação (Nelson; Cox, 2014; Harvey; Ferrier, 2012). Em seguida, duas moléculas de ALA sofrem desidratação e se condensam pela ação da enzima δ-aminolevulínico-desidratase para formar uma molécula de porfobilinogênio. Quatro moléculas de porfobilinogênio sofrem a ação das enzimas hidroximetibilano-sintase e uroporfirinogênio-III-sintase e se condensam para formar uma molécula assimétrica chamada de *uroporfirinogênio III*. Esta, por sua vez, será finalmente convertida em heme após uma sequência de descarboxilações e oxidações em que ocorre a introdução do Fe^{2+} pela enzima ferroquelatase, que é sensível ao chumbo, sofrendo inibição (Harvey; Ferrier, 2012).

Nesse sentido, as hemácias são renovadas a cada 120 dias, e, com elas, os grupos hemes são degradados e convertidos em um pigmento vermelho-alaranjado chamado de *bilirrubina*, a qual é transportada no plasma pela lipoproteína albumina. O fígado faz a captação da bilirrubina do plasma e a excreta juntamente com a bile (Harvey; Ferrier, 2012).

As porfirias, em contrapartida, são formadas por erros na síntese de porfirinas, que podem ter sido herdados ou adquiridos. Quando herdadas, todas as porfirias são autossômicas dominantes (ou seja, constam em cromossomos não sexuais e se manifestam quando um gene do par se apresenta afetado), com exceção da eritropoiética congênita, que é recessiva (isto é, se manifesta apenas quando os dois genes do par são afetados) (Harvey; Ferrier, 2012). As porfirias são classificadas em *eritropoiéticas* e *hepáticas*. As hepáticas, por sua vez, podem ser classificadas em *crônicas* e *agudas* e, assim como nas porfirias, apresentam um erro na produção de heme: o organismo estimula essa produção para suprir a necessidade, aumentando a atividade da enzima ALA-sintase, porém a falha ao longo da síntese não permite a síntese do heme. Por essa razão, ocorre o acúmulo de ALA e intermediários da síntese de heme, que são tóxicos e os principais causadores dos sintomas das porfirias. O tratamento ajuda a controlar a condição e os sintomas, mas não é capaz de curar o paciente (Harvey; Ferrier, 2012).

Síntese

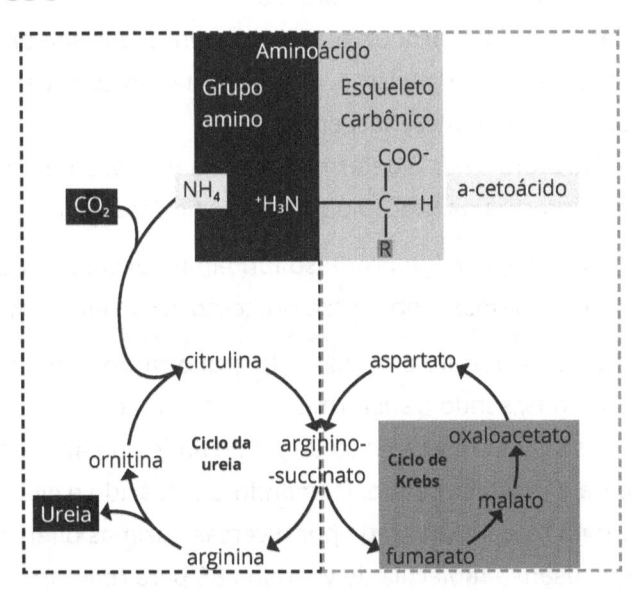

Atividades de autoavaliação

1. As proteínas, além de serem as macromoléculas mais abundantes nas células vivas, desempenham diversas funções estruturais e fisiológicas no metabolismo celular. Com relação a elas, é correto afirmar:

   A São todas constituídas por sequências monoméricas de aminoácidos e monossacarídeos.

   B Além de função estrutural, são também utilizadas como fonte de energia e defesa para os organismos.

   C São formadas pela união de nucleotídeos por meio dos grupamentos amina e hidroxila.

   D Cada indivíduo produz as suas proteínas, que são diferentes para cada organismo, uma vez que são codificadas de acordo com o material genético.

   E A estrutura delas é determinada pela forma, embora isso não interfira na função ou na especificidade do composto.

2. A transaminação é um processo fundamental para o catabolismo de proteínas. Sobre esse processo, é correto afirmar:

   A O α-cetoglutarato é receptor do grupo carboxil dos aminoácidos, sendo transformado em α-cetoácido.

   B Consiste na transferência do grupo amino do aminoácido para o α-cetoglutarato, formando α-cetoácido e glutamato.

   C É uma reação catalisada por diversas enzimas diferentes que usam a molécula de vitamina B6 para realizarem o processo.

   D A transaminação da alanina gera um α-cetoácido chamado *glutamato*.

   E A glutamina é sintetizada apenas no fígado com a finalidade de resgatar os grupos aminos da amônia e transportá-los para os diferentes tecidos.

3. Durante o catabolismo de aminoácidos, o glutamato é formado com o objetivo de transportar o grupo amina pela corrente sanguínea até o fígado, onde será metabolizado. Para tanto, a formação do glutamato depende:

A da remoção do grupo amina da alanina, a fim de formar o lactato.

B da transferência do α-cetoácido para o aminoácido, formando o glutamato.

C do sistema creatina-fosfato, onde a fosforilação do aminoácido gera glutamato.

D da transferência do grupo amino dos aminoácidos para o α-cetoglutarato, formando o glutamato.

E da transaminação do grupo amina do piruvato para a alanina, formando glicose e glutamato.

4. Durante o jejum prolongado, o organismo pode recrutar aminoácido tanto para a produção de energia quanto para a manutenção da glicemia. Assinale a alternativa que contenha apenas aminoácidos que contribuam para a manutenção da glicemia:

A Asparagina e aspartato.

B Isoleucina, alanina e valina.

C Fenilalanina, lisina e tirosina.

D Triptifano treonina e leucina.

E Leucina e isoleicina.

5. Em uma dieta que se restringe apenas a proteínas, o excesso de aminoácidos no corpo é mais alto que o necessário. Nesse contexto, uma forma de o corpo se livrar do excesso seria:

A catabolizar os aminoácidos e liberar os grupos amina e carboxila para fora do corpo, utilizando o ciclo de Krebs.

B produzir glutamato, que será convertido em oxaloacetato e, posteriormente, utilizado no ciclo de Krebs para obter energia.

C transferir os grupos aminos dos aminoácidos catabolizados para formar glutamato, o qual levará os grupos aminos para serem convertidos em ureia, que será liberada na forma de urina.

D converter os aminoácidos em alanina para que esta leve o grupo amina para o ciclo da ureia.

E utilizar os grupos aminos dos aminoácidos para produzir α-cetoácido, que será convertido em amônia, depois em ureia e, por último, em urina.

6. Os aminoácidos são uma rica fonte de energia, principalmente durante a atividade física intensa, por meio do catabolismo da alanina. Assinale a alternativa que descreve corretamente esse metabolismo:

A O glutamato perde grupo carboxila para o oxaloacetado e é convertido em alanina nos músculos. A alanina é convertida em piruvato para produção de energia pelo ciclo de Krebs. A energia gerada vai para o ciclo da ureia, estimulando a produção de oxaloacetato, que mantém o ciclo ativo.

B A alanina do fígado é levada para os músculos, onde perde um radical amina e converte-se em piruvato. O piruvato, por sua vez, é convertido em glicose em uma via oposta à glicolítica. A glicose gerada vai para o fígado e, pela via glicolítica, é convertida em ATP, produzindo piruvato. Ao piruvato é adicionado um radical amina, removido de aminoácidos catabolizados no fígado, sendo convertido em alanina, quando o ciclo se reinicia.

C A alanina dos músculos é levada para o pâncreas, onde perde um radical amina que é direcionado para o ciclo da ureia. No ciclo da ureia, a alanina é convertida em glicose em uma via oposta à via glicolítica. A glicose gerada vai para a corrente sanguínea e segue para o músculo, onde, pelo ciclo de Krebs, é convertida em ATP, produzindo piruvato. Ao piruvato é adicionado um radical amina, removido do glutamato, sendo convertido em alanina, quando o ciclo se reinicia.

D A alanina dos músculos é levada para o fígado, onde perde um radical amina e converte-se em piruvato. O piruvato, por sua vez, é convertido em glicose em uma via oposta à via glicolítica. A glicose gerada vai para a corrente sanguínea e segue para o músculo, onde, pela via glicolítica, é convertida em ATP, produzindo piruvato. Ao piruvato é adicionado um radical amina, removido de aminoácidos catabolizados no músculo, sendo convertido em alanina, quando o ciclo se reinicia.

E A alanina do pâncreas é levada para o fígado, onde estimula a produção de insulina, que tem como objetivo capturar a glicose da corrente sanguínea e disponibilizá-la para os músculos. Com isso, os músculos conseguem produzir energia com a glicose para suprir a demanda de energia que a atividade física exige pelo ciclo de Krebs e pela cadeia respiratória.

7. No ciclo da ureia, qual substância é clivada para originar fumarato e arginina?

   A Aspartato-desidrogenase.
   B Ornitina.
   C Arginino-succinato.
   D Oxaloacetato.
   E Citrulina.

8. As porfirias são decorrentes de alterações na síntese do heme com a produção anormal de porfirinas. Quanto às porfirias, é correto afirmar:

   A A síntese do heme ocorre no eritroblasto e na célula hepática e é mediada por enzimas. A deficiência enzimática pode causar porfirias eritropoiéticas ou hepáticas.
   B O diagnóstico da porfiria intermitente aguda é realizado durante as crises, por meio da busca de uroporfirinogênio III aumentado no sangue e na urina.
   C A porfiria cutânea hepática é devida à diminuição da uroporfirinogênio-sintetase.
   D Na protoporfiria eritropoiética, a anemia é severa e do tipo hipercrômica.
   E A urina avermelhada é um dos sintomas da porfiria eritropoiética congênita do tipo autossômica dominante.

9. O nitrogênio é um elemento importante para os seres vivos na formação de moléculas como o DNA, as proteínas e o ATP. A obtenção desse elemento se dá por meio da ingestão de compostos nitrogenados, como as proteínas. Embora tenha essa importância, os compostos nitrogenados não são armazenados nos organismo, devendo ser consumidos

diariamente e sendo descartados quando em excesso. Esse equilíbrio é conhecido como *balanço nitrogenado*.

Considerando uma alimentação adequada de proteína:

A uma mulher gestante apresenta balanço nitrogenado igual a zero.

B um adulto com um ferimento grave em cicatrização apresenta balanço nitrogenado positivo.

C um pessoa com câncer terminal apresenta balanço nitrogenado positivo.

D um atleta, tendo aumentando a massa muscular, apresenta balanço nitrogenado negativo.

E uma criança em crescimento apresenta balanço nitrogenado negativo.

10. Os mamíferos não armazenam proteínas, razão pela qual o excesso de aminoácidos no organismo é descartado na urina pela eliminação do grupo amina. Sobre o assunto, analise as asserções a seguir e a relação entre elas.

I) A primeira etapa do catabolismo de aminoácidos recebe o nome de *transaminação*.

porque

II) A enzima aminotransferase transfere o grupo amino dos aminoácidos para o α-cetoglutarato, a fim de produzir glutamato, o qual transporta o grupo amino até o fígado para formar ureia.

Com base no exposto, podemos afirmar:

A As asserções I e II são proposições verdadeiras, e a II é uma justificativa correta da I.

B As asserções I e II são proposições verdadeiras, mas a II não é uma justificativa correta da I.

C A asserção I é uma proposição verdadeira e a II é uma proposição falsa.

D A asserção I é uma proposição falsa e a II é uma proposição verdadeira.

E As asserções I e II são proposições falsas.

Atividades de aprendizagem

Questões para reflexão

1. A maioria das pessoas que apresenta falhas genéticas na fosforilação oxidativa (respiração celular) tem concentrações relativamente altas de alanina no sangue. Por que isso ocorre? Indique o ciclo envolvido.

2. Você faz parte de uma equipe de profissionais que recebeu um paciente com ingestão normal e equilibrada de proteínas, porém com falência hepática. A suspeita é de que o paciente esteja sofrendo de hiperamonemia (alta concentração de amônia no organismo). Exames genéticos mostraram que o paciente apresenta uma falha na enzima que forma a citrulina na matriz mitocondrial. Observe o esquema a seguir e explique por que o paciente apresenta falência hepática.

Esquema simplificado do ciclo da ureia

Atividade aplicada: prática

1. Faça uma tabela em cujo conteúdo estejam elencadas as principais porfirias e a origem de cada uma delas.

CAPÍTULO 5

ÁCIDOS NUCLEICOS,

Os *ácidos nucleicos*, como o próprio nome já diz, são moléculas ácidas presentes majoritariamente no núcleo das células eucarióticas. Embora as células procarióticas não apresentem núcleo, esses ácidos, para que realizem suas funções, se localizam em uma região específica do citoplasma (Alberts et al., 2017; Lodish et al., 2014). O ácido nucleico que recebe maior atenção é o ácido desoxirribonucleico (DNA), que é considerado a molécula detentora das informações genéticas e controladora das funções celulares. A estrutura dessa molécula foi determinada em 1968 pelos cientistas James D. Watson e Francis H. C. Crick com base nos dados de raios X obtidos pela especialista em radiologia Rosalind Franklin. Além do DNA, existe o ácido ribonucleico (RNA), que é conhecido por transferir as informações do DNA dentro da célula, permitir a síntese de proteínas (Carvalho; Recco-Pimentel, 2013) e, após descoberta recente, realizar catálise, como uma ribozima (Alberts et al., 2017; Nelson; Cox, 2014; Lodish et al., 2014).

Atualmente, os ácidos nucleicos são estudados com o objetivo de que compreendamos seu funcionamento, na tentativa de alterar sua sequência para, assim, buscar tratamento e cura para doenças como *diabetes mellitus*, mal de Parkinson, Alzheimer, esclerose múltipla etc. (Carvalho; Recco-Pimentel, 2013). Nesse sentido, a compreensão da estrutura e do mecanismo de transmissão da informação genética é essencial para a manipulação e o desenvolvimento de pesquisas (Lodish et al., 2014).

5.1 Nucleotídeos: composição e nomenclatura

Os ácidos nucleicos são formados por unidades básicas chamadas de *nucleotídeos* (Figura 5.1). Esses nucleotídeos são constituídos por um açúcar de cinco carbonos (pentose), uma base nitrogenada ligada ao carbono 1 da pentose e um fosfato ligado ao carbono 5 da pentose. Entre as moléculas de DNA e de RNA (Figura 5.2) são observadas algumas diferenças (elencadas no Quadro 5.1). A ligação entre os nucleotídeos forma um polímero de nucleotídeos, ou uma fita simples de DNA ou de RNA. O DNA é formado por duas fitas que se ligam e se enrolam, formando uma hélice com uma dupla-fita. Por sua vez, o RNA tende a ser uma fita simples naturalmente, embora já tenham sido encontradas conformações em que o RNA se organiza em uma hélice com duas fitas, como o DNA (Nelson; Cox, 2014; Lodish et al., 2014).

Figura 5.1 – Organização de um nucleotídeo

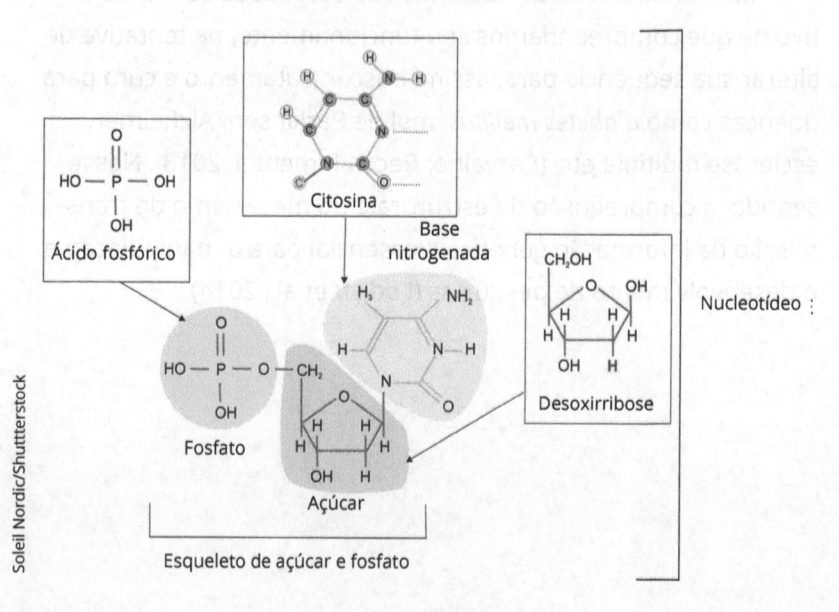

Soleil Nordic/Shutterstock

As bases nitrogenadas que formam os nucleotídeos são divididas em dois grupos: purinas e pirimidinas (Quadro 5.1 e Figura 5.2). As purinas adenina (A) e guanina (G) estão presentes tanto no DNA quanto no RNA e são formadas por dois anéis; por outro lado, as pirimidinas são, cada uma delas, formadas por um único anel e compreendem a citosina (C), presente tanto no DNA quanto no RNA, a timina (T), presente apenas no DNA, e a uracila (U) presente apenas no RNA (Carvalho; Recco-Pimentel, 2013; Lodish et al., 2014).

Quadro 5.1 – Diferenças entre moléculas de DNA e RNA

	DNA	RNA
Pentose	Desoxirribose	Ribose
Purinas	Adenina e guanina	Adenina e guanina
Pirimidinas	Timina e citosina	Uracila e citosina
Organização comum	Duas fitas em hélice	Fita simples
Local de síntese	Núcleo celular	Núcleo celular
Local de atividade	Núcleo celular	Citoplasma

Figura 5.2 – Comparação da estrutura e composição das moléculas de DNA e de RNA

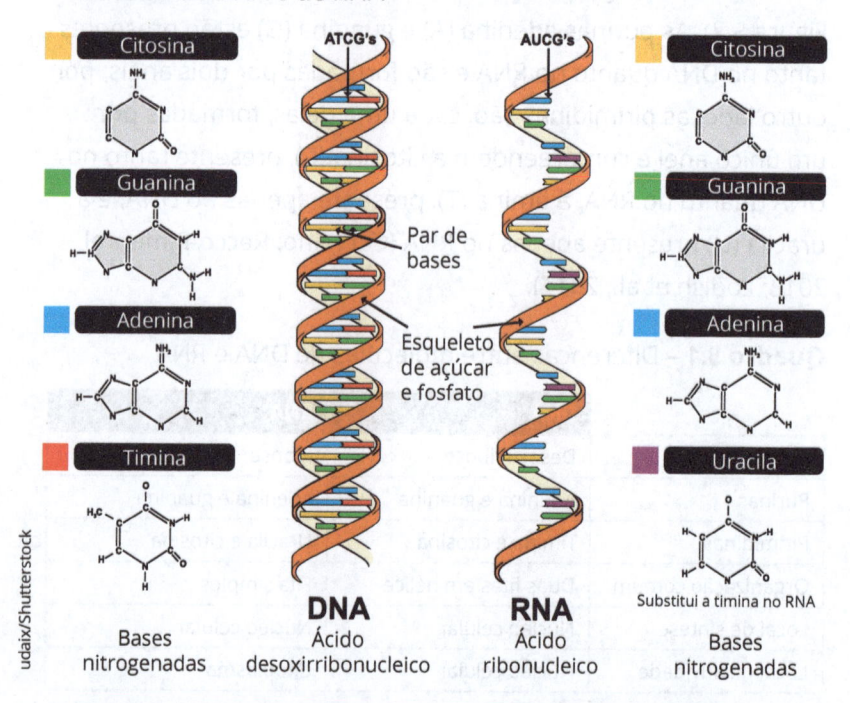

A pentose dos nucleotídeos difere nos ácidos nucleicos (Figura 5.3): o RNA apresenta uma ribose, em que o carbono 2 está ligado a um H de um lado e a uma hidroxila (OH) do outro.

Por sua vez, o DNA apresenta uma desoxirribose, que consiste numa ribose sem a hidroxila do carbono 2, caso no qual este carbono está ligado a dois hidrogênios, um de cada lado, o que torna a molécula mais estável – e por isso o DNA é chamado de *desoxirribonucleico*.

Figura 5.3 – Comparação entre as pentoses do DNA e do RNA

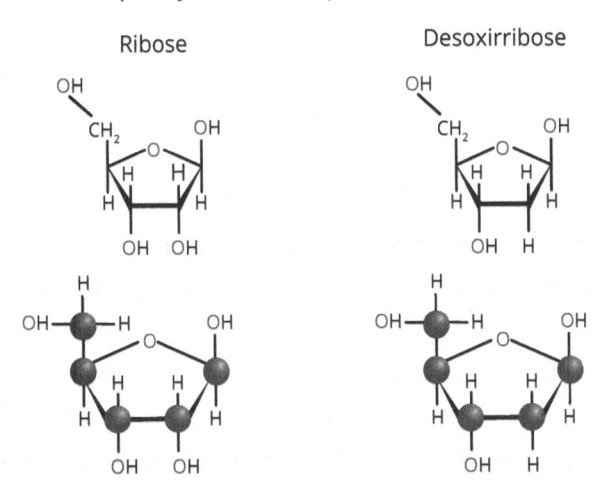

Independentemente da pentose, ambos os ácidos nucleicos apresentam um grupo fosfato ligado ao carbono cinco da pentose (Nelson; Cox, 2014; Lodish et al., 2014).

5.2 DNA: constituição e estrutura das duplas-hélices

Os nucleotídeos de DNA e RNA se ligam para formar um polímero de nucleotídeos que constituem uma fita. A ligação entre os nucleotídeos recebe o nome de *ligação fosfodiéster* e ocorre entre a hidroxila do carbono 3 da pentose do primeiro nucleotídeo e o grupo fosfato do carbono 5 da pentose do nucleotídeo seguinte. Desse modo, é formada uma sequência de fosfatos e resíduos de pentoses, ao passo que as bases nitrogenadas ficam posicionadas lateralmente, de forma análoga a uma escada, em que os fosfatos e as pentoses são o corrimão da escada; as bases, por sua vez, são os degraus (Nelson; Cox, 2014). As ligações fosfodiéster no DNA e no RNA apresentam a mesma orientação ao longo da cadeia, conferindo uma polarização: a extremidade em que o fosfato está livre sem se ligar a nenhum nucleotídeo é chamada de *extremidade 5'*; na extremidade oposta, o carbono 3 da pentose está livre sem se ligar a nenhum nucleotídeo e, por isso, recebe o nome de *extremidade 3'*. Essas extremidades são importantes para determinar a síntese e a elongação da fita do ácido nucleico (Alberts et al., 2017; Carvalho; Recco-Pimentel, 2013; Nelson; Cox, 2014; Lodish et al., 2014).

Duas fitas de DNA se unem para formar uma hélice contorcida. As bases nitrogenadas que estão deslocadas lateralmente na fita simples de DNA se aproximam e interagem entre si por ligações de hidrogênio. Essa interação entre as bases não é aleatória, pois ocorre um pareamento entre purinas e pirimidinas, garantindo que o espaço entre as duas fitas seja simétrico e uniforme ao logo de toda a estrutura do DNA, já que as purinas têm dois anéis e as pirimidinas apresentam apenas um, totalizando três anéis entre as fitas de DNA. De acordo com a estrutura das moléculas, a adenina pareia com a timina mediante duas pontes de hidrogênio, enquanto a citosina pareia com a guanina por três pontes de hidrogênio. As duas fitas apresentam sequências complementares que permitem o pareamento perfeito, razão pela qual a unidade do DNA também é chamada de *par de base* (pb) (Alberts et al., 2017; Carvalho; Recco-Pimentel, 2013; Nelson; Cox, 2014). Como a citosina e a guanina realizam mais pontes de hidrogênio, tendem a ser mais resistentes ao aumento de temperatura, razão pela qual as extremidades das fitas de DNA têm alta concentração de guanina-citosina (GC), a fim de evitar que as fitas se separem facilmente. Essa alta concentração de GC também é encontrada em bactérias termófilas que vivem em altas temperaturas e precisam de um DNA mais resistente à variação de temperatura. Entretanto, o pareamento das fitas não é possível se elas se organizarem de forma paralela. Por essa razão, as fitas, além de serem complementares, devem se aproximar de forma antiparalela, garantindo o perfeito pareamento das bases (Figura 5.4): nesse caso, o sentido 5' → 3' de uma fita é oposto ao sentido 5' → 3' da outra fita (Lodish et al., 2014).

Figura 5.4 – Antiparalelismo do DNA

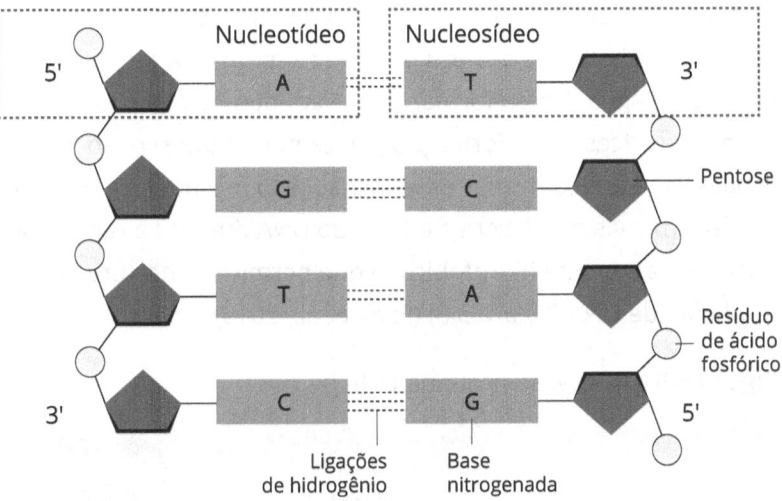

Na Figura 5.4 podemos perceber a orientação das fitas de DNA em sentidos opostos, a fim de manter a simetria e a funcionalidade da molécula. Ainda, vale ressaltar que o nucleosídeo é um nucleotídeo sem o grupamento fosfato (Nelson; Cox, 2014).

Preste atenção!

As ligações de hidrogênio foram, por muitos anos, tidas como responsáveis pela organização e a estabilidade das duplas-hélices de DNA. Atualmente, uma nova pesquisa (Feng et al., 2019) mostrou que a água é o elemento-chave para a estabilidade da fita de DNA. As bases nitrogenadas presentes nos nucleotídeos têm caráter hidrofóbico e se mantêm próximas no interior da estrutura por interação hidrofóbica, expulsando a água da interação. A equipe de Feng (Feng et al., 2019) notou que o DNA é mantido em ambiente hidrofílico, forçando as bases nitrogenadas a ficarem interligadas, o que conserva as fitas de DNA unidas e estáveis devido à interação hidrofóbica. Quando há necessidade de acessar a fita de DNA para transcrição ou replicação, a célula submete o DNA a um ambiente hidrofóbico, permitindo que a dupla-hélice se desfaça por não haver mais a força de repulsão à água. Dessa forma, os nucleotídeos são expostos, permitindo acesso à informação gênica para a transcrição ou replicação. Para confirmar esses achados, o mesmo grupo notou que as enzimas que fazem a edição do DNA durante a replicação criam um ambiente hidrofóbico, o que permite a abertura da dupla fita de DNA (Figura 5.5) (Feng et al., 2019).

Figura 5.5 – Interação proteína-DNA

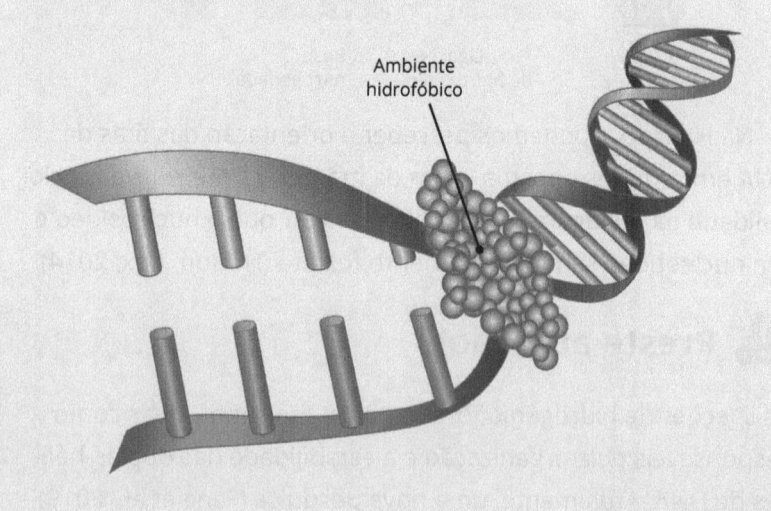

Fonte: Chalmers, 2019.

A abertura da dupla-fita deve ser sútil e eficiente, de forma que não rompa as fitas, mantendo a integridade da informação durante os processos de replicação, transcrição e edição. As enzimas envolvidas nesses processos interagem com o DNA de forma específica, garantindo um ambiente hidrofóbico que favorece o acesso à informação gênica.

A molécula de DNA pode sofrer desnaturação quando submetida a altas temperaturas. Isso ocorre por causa da quebra das ligações de hidrogênio, separando as fitas. Nesse sentido, quanto maior for a concentração de GC na molécula de DNA, mais tolerante ela será ao aumento da temperatura, em razão do número de ligações de hidrogênio ser maior do que aquele em concentração de adenina-timina (AT). Entretanto, cientistas se utilizam dessa característica para manipular moléculas de DNA em laboratório. A desnaturação controlada permite acessar às informações da dupla-fita para copiá-las e utilizá-las nas mais diversas técnicas de biotecnologia e biologia molecular, principalmente porque as fitas de DNA voltam a se parear quando a temperatura é diminuída para as condições ideais do organismo que as contém (Alberts et al., 2017; Lodish et al., 2014; Nelson; Cox, 2014).

O DNA se encontra na maior parte das células na *forma B* (Figura 5.6) do DNA, em que a hélice tem uma rotação para a direita e faz uma volta completa a cada 3,4 nm a 3,6 nm, dependendo da sequência de bases: assim, há cerca de 10 pares de bases em cada volta da hélice. A *forma B* é a forma mais estável do DNA e caracteriza-se por dois sulcos (um maior e um menor) no exterior da molécula, o que permite que proteínas possam acessá-los e "ler" a informação contida no DNA (Alberts et al.,

2017; Lodish et al., 2014). Com menor frequência, o DNA pode se encontrar nas células em outras duas conformações: a *forma A*, em que as hélices são mais largas – cerca de 11 pares de bases por volta –, mais estável em ambientes sem água; e a *forma Z*, em que há rotação helicoidal à esquerda, uma estrutura mais fina e mais alongada com cerca de 12 pares de bases por volta.

Figura 5.6 – Conformações do DNA

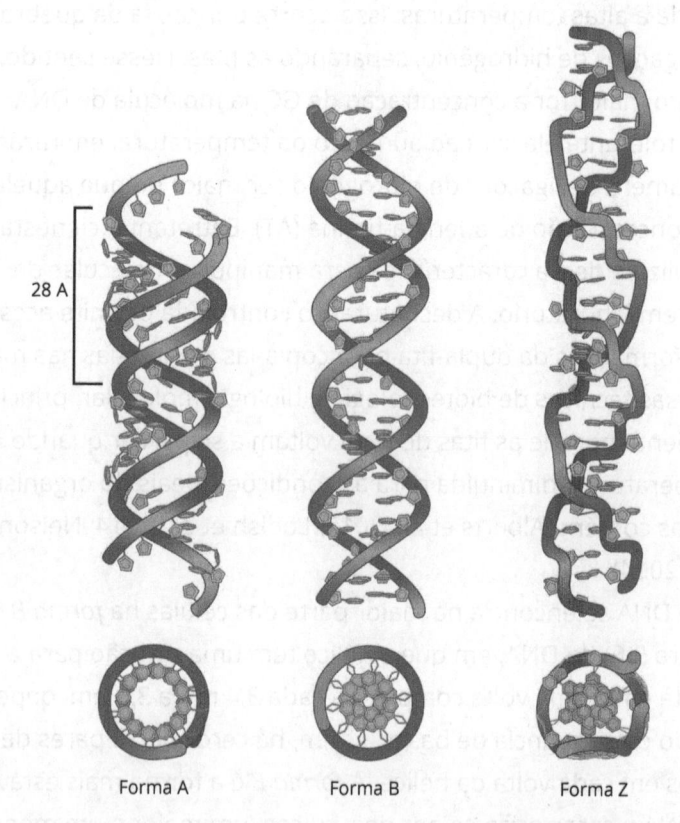

28 A

Forma A   Forma B   Forma Z

Natasha Melnick

Fonte: Nelson; Cox, 2014, p. 291.

A presença da *forma A* nas células ainda não está bem elucidada, porém há alguns pequenos trechos de *forma Z* em DNA de bactérias e de eucariotos que poderiam ter um papel na regulação da expressão de alguns genes ou em recombinação genética (Nelson; Cox, 2014).

5.3 DNA: estudos de mapeamento genético

Ao compreender a constituição e a organização do DNA, busca-se meios de encontrar possíveis variações e mutações que estejam associadas ao desenvolvimento de diversas doenças antes mesmo de seus primeiros sinais e sintomas. Atualmente, essa metodologia é aplicada para pessoas que apresentam na família algum histórico de doenças causadas por mutações genéticas, como doença de Huntington, distrofia muscular, diabetes, asma, aterosclerose, câncer, distúrbios psiquiátricos e doenças cardíacas (Guedes; Diniz, 2009), assim como doenças causadas em espécies vegetais importantes para a agricultura e a indústria alimentícia. A melhor maneira de monitorar essas variações é por meio do mapeamento genético, que nada mais é do que a busca pela localização dos genes nos cromossomos, a fim de conhecer as distâncias entre eles e saber exatamente a sequência de bases de cada gene, identificando, assim, aquelas variações que podem causar o desenvolvimento de doenças (Carneiro; Vieira, 2002).

O DNA dos seres vivos fica organizado em uma ou mais fitas chamadas de *cromossomos*. Em humanos, existem 46 fitas de DNA, ou seja, 46 cromossomos organizados em pares, dentre os quais 23 foram herdados da mãe e os demais 23, do pai. Esses cromossomos são formados por pequenos pedaços chamados de *genes*, responsáveis por codificar as informações que determinam as nossas características (Alberts et al., 2017; Carvalho; Recco-Pimentel, 2013). O mapeamento genético consiste no emprego de métodos que visam identificar a posição de um gene e as distâncias entre os genes. Para isso, usam-se marcadores moleculares, que geralmente correspondem a genes cuja posição e função são conhecidas. Sabendo a característica que um gene de interesse tem, são realizados vários cruzamentos genéticos que permitem identificar a taxa de frequência entre o marcador molecular e o gene de interesse (Lodish et al., 2014).

Durante a divisão celular, os cromossomos de um mesmo par podem sofrer uma recombinação, ou seja, trocar um pedaço entre si, formando novas sequências de bases (Figura 5.7). Quanto mais perto dois genes estão entre si, maior é a chance de serem passados juntos para a próxima geração. Assim, as características do marcador genético e do gene de interesse são observadas nas diferentes gerações, e, quanto mais frequentemente aparecem juntas, mais próximos o gene de interesse e o marcador estão, o que permite identificar a posição do gene, baseando-se nas suas manifestações. Esse processo é repetido com a utilização de diferentes marcadores genéticos a fim de obter resultados mais precisos. A recombinação entre os cromossomos ocorre durante a divisão celular por meiose, em que se misturam as características, gerando cromossomos com conjunto diferente de genes. Isso promove a grande variedade genética que até seres vivos da mesma espécie apresentam (Alberts et al., 2017; Lodish et al., 2014).

Figura 5.7 – Ilustração do processo de recombinação cromossômica (ou *Crossing-over*)

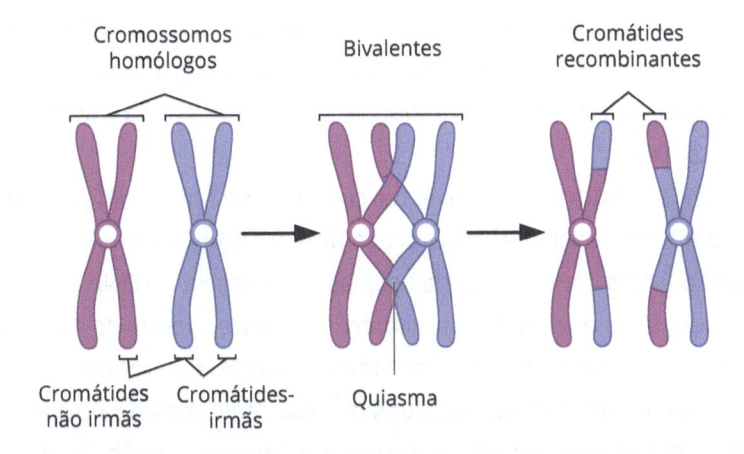

Existe, ainda, o mapeamento físico, por meio do qual os genomas são clivados por enzimas de restrição que digerem o DNA em diversos fragmentos, ou por sonicação, em que se utilizam ondas sonoras para quebrar a molécula de DNA. Os fragmentos gerados são sequenciados e as regiões de sobreposição dos fragmentos observadas para determinar a sequência correta de bases que compõem o DNA. No mapeamento físico, não há formas diretas de marcação de um gene específico, uma vez que o processo não inclui nenhuma informação referente a características e funções. Entretanto, o mapeamento físico e o mapeamento genético podem ser associados para resultados mais eficientes (Alberts et al., 2017).

5.3.1 O método de Sanger e o mapeamento automático

O sequenciamento de DNA, por sua vez, pode ser feito com a utilização do método de Sanger, segundo o qual o DNA é replicado *in vitro*. Nesse processo, a hélice de DNA é desnaturada com o aumento da temperatura e as fitas servem de molde para a síntese de outras novas. Para isso, uma enzima chamada de *DNA-polimerase* adiciona nucleotídeos complementares aos da sequência da fita-molde, replicando toda a fita (Nelson; Cox, 2014).

Em laboratório, é possível ter centenas de fitas-moldes e usá-las para sequenciamento. O procedimento consiste em montar quatro tubos contendo várias cópias da amostra de DNA a ser sequenciada, enzima DNA-polimerase e nucleotídeos de adenina, citosina, guanina e timina. Em cada um dos quatro tubos será substituído um dos nucleotídeos normais pelo mesmo nucleotídeo, porém modificado, de forma que impeça a extensão da fita de DNA. Por exemplo: no tubo 1, os nucleotídeos de citosina, guanina e timina são normais, mas os de adenina são modificados; no tubo 2, os nucleotídeos de citosina serão modificados, e assim por diante. Os quatro tubos serão submetidos a condições favoráveis para que a enzima DNA-polimerase amplifique todas as fitas de DNA, adicionando os nucleotídeos disponíveis de acordo com a sequência de bases das fitas-moldes. Porém, ao adicionar nucleotídeos modificados, a síntese dessa fita é interrompida, enquanto as outras cópias seguem até que um nucleotídeo modificado seja adicionado aleatoriamente. Após a reação, o conteúdo de cada um dos quatro tubos é analisado por eletroforese em gel de agarose – em que as amostras de DNA, mediante corrente elétrica, migram por um gel de acordo com o seu tamanho. Assim, é possível determinar a sequência de bases do DNA utilizando um reagente que permite que as bandas de fragmentos de DNA formadas no gel brilhem sob a luz violeta, uma vez que, quanto mais alta a banda se encontra no gel, maior é o fragmento de DNA, ou seja, mais a DNA-polimerase sintetizou a nova fita antes de encontrar um nucleotídeo modificado. O nucleotídeo modificado é o último desse fragmento e, por isso, torna-se possível identificar a sequência de nucleotídeos do fragmento de DNA (Nelson; Cox, 2014). Embora a técnica de Sanger seja eficiente, ela apresenta muitas limitações quanto ao tempo de preparo e de reação, adicionado o tempo de corrida do gel. Além disso, fragmentos de DNA muito grandes não migram no gel de agarose, tornando impossível identificar o tamanho correto deles (Alberts et al., 2017; Nelson; Cox, 2014).

Atualmente, o sequenciamento automático otimiza o tempo e a análise de resultados do sequenciamento. Em um único tubo são adicionados a amostra de DNA a ser sequenciada, a DNA-polimerase e todos os nucleotídeos utilizados no método de Sanger, porém, agora, eles têm uma molécula fluorescente que concede uma cor específica a todos os fragmentos terminados naquele nucleotídeo. Esses fragmentos de DNA coloridos são então separados por tamanho em um único gel de eletroforese, contido em um capilar acoplado ao sequenciador. Todos os fragmentos de um determinado tamanho migram pelo gel em um único pico e a cor associada com cada pico é detectada por um feixe de *laser*. A sequência de DNA é obtida com base na sequência de cores dos picos que passam pelo detector, então os dados são exportados na forma de gráficos e arquivos que podem ser abertos em qualquer computador (Nelson; Cox, 2014). Novos sequenciadores de última geração (*next-generation sequencing – NGS*) estão sendo amplamente utilizados a fim de empregar diferentes estratégias para realizar as reações de sequenciamento. O sequenciamento 454, por exemplo, utiliza uma estratégia chamada de *pirossequenciamento*, pela qual a adição de nucleotídeos é detectada com *flashes* de luz. Por sua vez, o sequenciador *Illumina* é o método alternativo que utiliza uma técnica conhecida como *sequenciamento de terminação reversível* (Goodwin; McPherson; McCombie, 2016; Nelson; Cox, 2014).

5.4 RNA: composição e estrutura

Assim como o DNA, o RNA é um polímero de nucleotídeos, chamados de *ribonucleotídeos*, unidos por ligação fosfodiéster. Porém, ao passo que o DNA é formado por duas fitas unidas em uma hélice, o RNA se encontra nas células, na maioria das vezes, em forma de fita simples. As bases púricas são adenina e guanina; já as bases pirimídicas são citosina e uracila (Alberts et al., 2017; Lodish et al., 2014).

Desse modo, o RNA é encontrado na forma de fita simples – por exemplo, o RNA mensageiro (RNAm), que é completamente linear. Porém, muitas vezes, moléculas de RNA apresentam conformações mais complexas nas células, formando torções e grampos mantidos pelas ligações de hidrogênios entre as suas próprias bases nitrogenadas, que se complementam ao longo do sequência. Essa organização não é aleatória e está associada a uma função determinada, como ocorre em moléculas de RNA transportador (RNAt) e de RNA ribossômico (RNAr), que precisam de uma organização específica para realizar suas funções (Alberts et al., 2017; Carvalho; Recco-Pimentel, 2013; Lodish et al., 2014). Vejamos os três tipos de RNA:

1. RNA mensageiro (RNAm)
    O RNAm é produzido no núcleo celular com base no DNA. É função do RNAm levar a informação contida no DNA que se encontra no núcleo para o citoplasma da célula a fim de

produzir moléculas, como as proteínas. Por ser uma cópia transcrita do DNA, o RNAm é linear, sem dobras, torções ou ramificações. A sequência de bases do RNAm determina qual será a sequência de bases que constituirá a proteína, sendo organizada em trincas de base chamadas de *códon* (Alberts et al., 2017; Carvalho; Recco-Pimentel, 2013).

2. RNA transportador (RNAt)

O RNAt e o RNA ribossômico (RNAr) participam ativamente da síntese de proteínas: o RNAt conduz os aminoácidos até os ribossomos para que sejam associados pelas ligações peptídicas a fim de formar as proteínas. Em uma das extremidades do RNAt fica o aminoácido e na outra, uma sequência de bases nitrogenadas complementar à sequência de bases contida no RNAm. A sequência de bases do RNAt também é organizada em trincas, chamadas de *anticódon*, assim, a sequência de bases no RNAm determina qual RNAt deve chegar ao ribossomo para deixar seu respectivo aminoácido (Alberts et al., 2017; Carvalho; Recco-Pimentel, 2013). O RNAt apresenta uma estrutura tridimensional (Figura 5.8) mantida por ligações de hidrogênio entre as próprias bases nitrogenadas, garantindo o formato adequado para transportar os aminoácidos e entrar no ribossomo a fim de realizar a síntese de proteínas (Nelson; Cox, 2014).

Figura 5.8 – Estrutura do RNAt

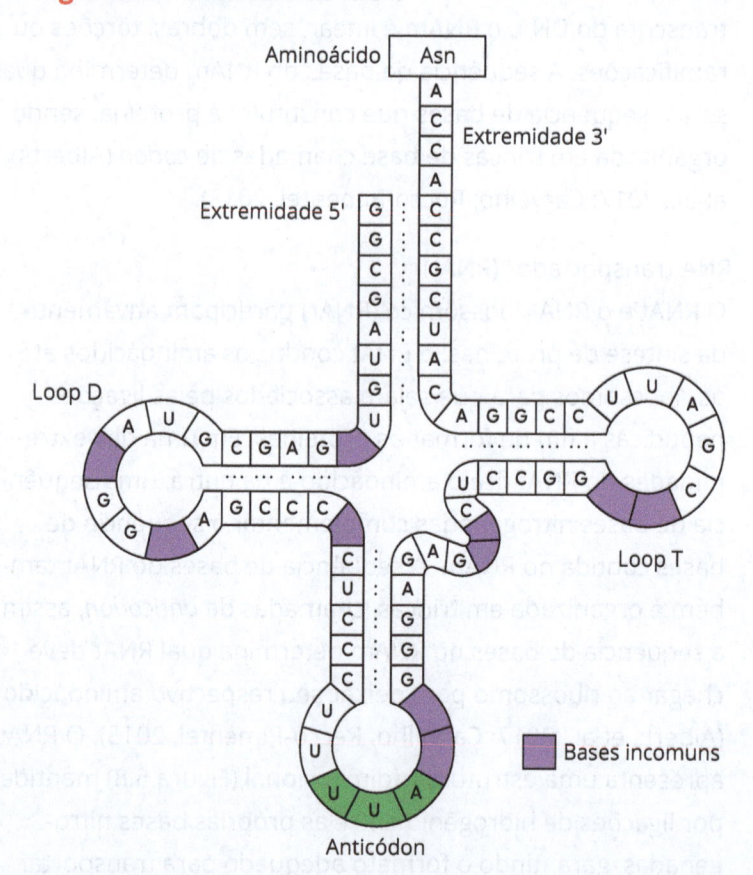

Essa estrutura do RNAt em forma de crucifixo é bastante conhecida por demonstrar o transporte de um aminoácido constante em uma extremidade e o anticódon em outra. Vale frisar que, para realizar a síntese de proteínas, esse formato interage corretamente com o ribossomo e o RNAm. Nesse sentido, o RNAt é a chave para decifrar os *códons* do RNAm. Cada tipo de aminoácidos tem seu próprio RNAt ou um conjunto deles. Para tanto, o RNAt é ligado ao seu respectivo aminoácido por uma ligação de alta energia, formando um estrutura final que recebe o nome de *aminoacil-RNAt*. Embora existam 20 tipos de aminoácidos proteicos, o número de aminoacil-RNAt pode chegar a 40 em bactérias e até 100 em células eucarióticas, o que faz com que alguns aminoácidos tenham mais de um RNAt ao qual podem se ligar (Lodish et al., 2014).

3. RNA ribossômico (RNAr)

O RNAr é sintetizado no nucléolo – região central do núcleo das células eucarióticas – e migra para o citoplasma a fim de funcionar como uma ribozima (molécula catalisadora que não tem origem proteica, mas sim de RNA), compondo a estrutura do ribossomo (Nelson; Cox, 2014).

Por sua vez, o ribossomo é uma organela formada por proteínas e moléculas de RNAr com estrutura tridimensional característica. Nos ribossomos, o RNAr participa da catálise das ligações peptídicas para formar as proteínas (Alberts et al., 2017; Carvalho; Recco-Pimentel, 2013). É importante ressaltar que existem diferentes tipos de RNAr (Figura 5.9) e que cada um exerce uma função específica no ribossomo. Além disso, as moléculas de RNAr presentes em ribossomos de células eucariontes são diferentes daquelas presentes em células eucariontes (Alberts et al., 2017; Lodish et al., 2014; Nelson; Cox, 2014; Watson et al., 2015).

Figura 5.9 – Estrutura dos ribossomos de células eucariontes e procariontes

Ribossomo eucariótico

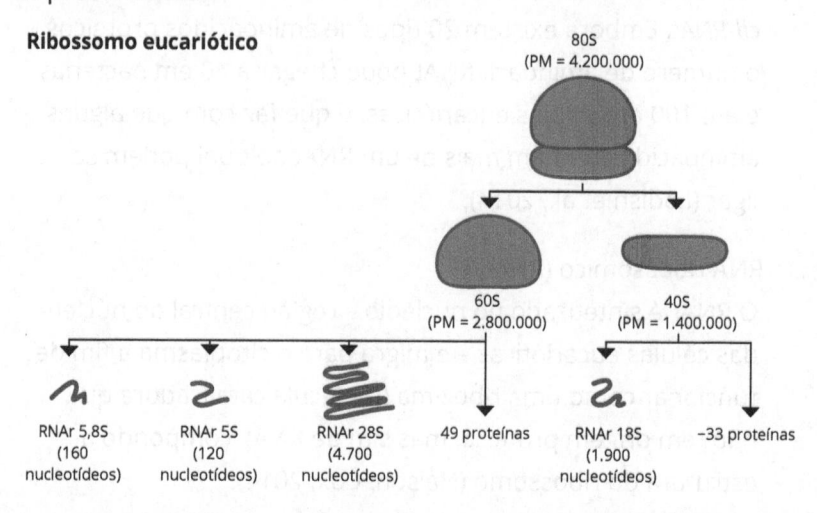

80S
(PM = 4.200.000)

60S
(PM = 2.800.000)

40S
(PM = 1.400.000)

RNAr 5,8S
(160
nucleotídeos)

RNAr 5S
(120
nucleotídeos)

RNAr 28S
(4.700
nucleotídeos)

49 proteínas

RNAr 18S
(1.900
nucleotídeos)

−33 proteínas

Ribossomo procariótico

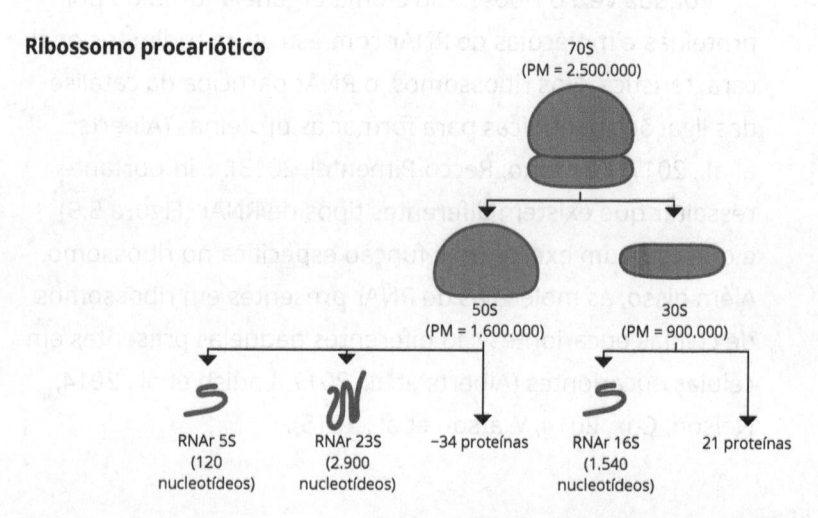

70S
(PM = 2.500.000)

50S
(PM = 1.600.000)

30S
(PM = 900.000)

RNAr 5S
(120
nucleotídeos)

RNAr 23S
(2.900
nucleotídeos)

−34 proteínas

RNAr 16S
(1.540
nucleotídeos)

21 proteínas

Fonte: Watson et al., 2015, p. 522.

Independente de corresponder a uma célula eucarionte ou procarionte, os ribossomos são formados por duas subunidades: maior e menor. Ambas as subunidades são constituídas por diferentes RNAr e proteínas. A subunidade menor do ribossomo de eucarioto é chamada de *40S*, uma vez que seu coeficiente de sedimentação em ultracentrifugação é 40; já a subunidade maior é chamada de *60S*. Juntas elas formam um ribossomo de 80S, uma vez que o coeficiente de sedimentação não está relacionado com a massa, mas sim com a capacidade da molécula em sedimentar durante a ultracentrifugação. As subunidades ribossomais de procariotos são conhecidas como *30S* e *50S* e juntas formam um ribossomo 70S (Nelson; Cox, 2014; Watson et al., 2015).

Os ribossomos são organelas essenciais para a célula, uma vez que são responsáveis pela produção de todas as proteínas. Sendo assim, mecanismos de inibição da organização e do funcionamento do ribossomo são alvos da indústria farmacêutica no desenvolvimento de antibióticos. Paralisar a síntese de proteínas garante que a célula morra por falta de maquinaria para realizar as reações químicas, sendo um mecanismo eficiente no combate às infecções bacterianas. Devido a diferença na estrutura e na composição dos ribossomos eucariontes e procariontes, é possível desenvolver fármacos específicos capazes de inibir a síntese proteica de procariotos, sem afetar esse mesmo processo em eucariotos (Watson et al., 2015).

5.5 Funções do material genético

De maneira geral, o material genético tem duas funções básicas: armazenar e transmitir informações. Essa transmissão pode estar voltada para a própria célula ou para as gerações futuras. Tais processos obedecem ao dogma central da biologia molecular (Figura 5.10), que representa o fluxo da informação contida no DNA. A informação contida na molécula de DNA pode ser replicada para criar novas fitas da molécula antes de um processo de divisão celular, garantido que as células-filhas tenham as mesmas informações que a célula-mãe. Como o DNA fica isolado no núcleo e as principais reações celulares ocorrem no citoplasma, é preciso levar a informação do núcleo para o citoplasma. Por essa razão, a informação contida no DNA é transcrita na forma de RNAm, que leva os dados até os ribossomos, os quais, por sua vez, utilizam-nos para produzir proteínas, em um processo chamado de *tradução* (Alberts et al., 2017; Lodish et al., 2014; Nelson; Cox, 2014).

Figura 5.10 – Dogma central da biologia molecular

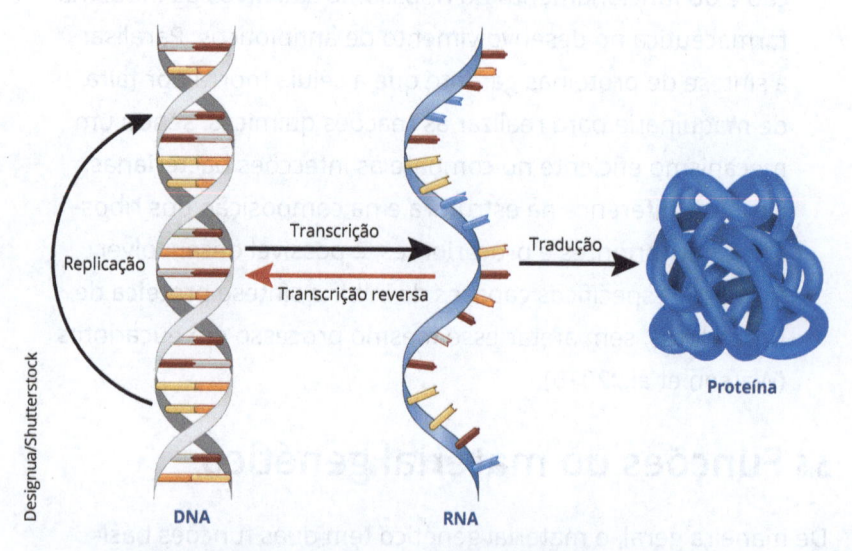

Na figura, vemos representada a disposição dos principais eventos da transmissão da informação no interior das células. Vale dizer: alguns vírus apresentam RNA como material genético e, por isso, para infectarem as células, precisam converter o RNA em DNA em um processo chamado de *transcrição reversa*, que ocorre apenas nessas situações (Alberts et al., 2017; Carvalho; Recco-Pimentel, 2013; Nelson; Cox, 2014). A fim de compreender a função específica dos processos de transmissão da informação, atentemo-nos a cada um deles separadamente.

5.5.1 Replicação

A replicação antecede a divisão celular: uma vez que todo o DNA é copiado, a célula pode se dividir e distribuir as informa-ções igualmente para as células-filhas. As células-filhas sempre recebem moléculas de DNA que contém uma fita parental e uma fita recém-sintetizada, visto que o método de replicação é semi-conservativo (Figura 5.11) (Alberts et al., 2017; Carvalho; Recco-Pimentel, 2013; Lodish et al., 2014). Para a cópia do DNA, as duas fitas parentais devem se separar e cada uma delas servirá de molde para a síntese de uma nova fita. Dessa forma, uma fita parental agora passa a estar pareada com uma fita nova, for-mando uma nova hélice, que será passada para uma célula-filha (Carvalho; Recco-Pimentel, 2013).

Figura 5.11 – Replicação semiconservativa do DNA

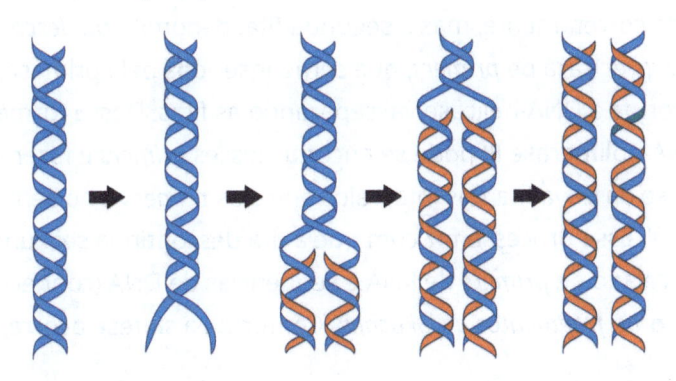

A hélice é aberta por uma proteína específica, chamada de *DNA-helicase*, que funciona como um zíper, expondo as bases nitrogenadas das duas fitas de DNA. A enzima que sintetiza as novas fitas é a DNA-polimerase III, entretanto, ela não consegue se ligar às fitas separadas de DNA, por ligar-se apenas a duplas-fitas. Por essa razão, um tipo de enzima RNA polimerase, chamada de *primase*, se liga às fitas simples de DNA e sintetiza um pequeno trecho de 5 a 10 nucleotídeos de RNA complementar às fitas DNA, chamado de *iniciador* (*primer*), para começar a extensão da cadeia no sentido 5' → 3'. Em seguida, a primase se solta e a enzima DNA-polimerase III se liga a esse pequeno trecho de duplas fitas DNA-RNA, a fim de iniciar a síntese da fita de DNA. A DNA-polimerese III insere nucleotídeos de DNA complementares à fita-molde, formando a fita nova no sentido 5' → 3', realizando ligações fosfodiéster (Alberts et al., 2017; Carvalho; Recco-Pimentel, 2013).

O antiparalelismo das fitas de DNA faz com que, a medida que a DNA-helicase separe as fitas, uma esteja no sentido de extensão da DNA-polimerase (5' → 3') e a outra no sentido oposto (3' → 5'), em que a DNA-polimerase III não consegue fazer as ligações fosfodiéster, surgindo, por isso, uma complicação. A primeira fita, chamada de *fita contínua*, pode ser sintetizada corretamente, mas a segunda fita, denominada *descontínua*, precisará de *primers*, que serão inseridos pela primase, conforme a DNA-helicase vai separando as fitas. Dessa forma, a DNA-polimerase III pode se ancorar nesses *primers* e fazer a síntese da nova fita nos intervalos entre os *primers* e no sentido 5' → 3'. Esse processo faz com que a fita descontínua seja um intercalado de *primers* de RNA e sequências de DNA (conhecidas como *fragmentos de Okasaki*). Conforme a síntese ocorre, os *primers* são removidos pela ribonuclease H (RNAse-H), no lugar dos quais a enzima DNA-polimerase I sintetiza trechos de DNA, que serão unidos aos fragmentos de Okasaki pela enzima DNA-ligase (Alberts et al., 2017; Carvalho; Recco-Pimentel, 2013; Lodish et al., 2014).

As proteínas DNA-helicases, DNA-polimerase III, primase e DNA-ligase percorrem unidas as extensas fitas de DNA realizando as suas funções (Figura 5.12). Essa união de proteínas é chamada de *forquilha de replicação*, que deve ser bastante coordenada e regulada para que a replicação não cause mutações e/ou danos ao DNA (Alberts et al., 2017; Lodish et al., 2014). Conforme a forquilha de replicação percorre a fita de DNA, a região do DNA que antecede a forquilha sofre tensão devido a abertura da hélice. Essa tensão pode atrapalhar o percurso da forquilha de replicação e causar rupturas nas fitas de DNA. A fim de evitar tais danos, a enzima topoisomerase se posiciona à frente da forquilha de replicação, cortando, girando e religando as fitas de DNA, para, assim, aliviar a tensão promovida por ela (Alberts et al., 2017; Lodish et al., 2014; Watson et al., 2015).

Figura 5.12 – Enzimas envolvidas na replicação de DNA

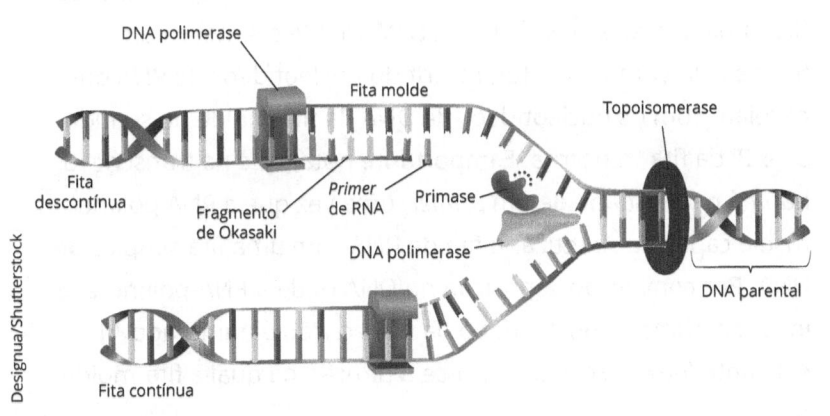

5.5.2 Transcrição

A transcrição consiste na produção de RNAm, RNAr e RNAt com base em um fragmento de DNA. RNAr e RNAt são moléculas não codificadoras porque não carregam o código genético para a síntese de proteínas, como ocorre com o RNAm, conhecido, portanto, como *molécula codificadora* (Lodish et al., 2014). O fragmento de DNA formador do RNAm tende a ser um gene cujo produto da expressão se faz necessário para a célula naquele momento. A transcrição não compreende todo o DNA, somente são transcritas regiões do DNA que interessam para a célula naquele momento. Nesse sentido, a depender da função da célula e das condições em que ela se encontra, diferentes genes serão transcritos (Nelson; Cox, 2014).

De forma semelhante à replicação, a transcrição consiste na separação das fitas de DNA, mas não por toda a sua extensão. A abertura será feita pela própria RNA-polimerase apenas na região do DNA onde se encontra o gene de interesse a ser transcrito, pois apenas uma das fitas funciona como molde para a transcrição e varia de acordo com o gene a ser transcrito (Carvalho; Recco-Pimentel, 2013; Lodish et al., 2014). A enzima RNA-polimerase se liga à fita de DNA-molde e sintetiza uma fita de RNA complementar, inserindo nucleotídeos de RNA que pareiam com os nucleotídeos de DNA da fita-molde no sentido $5' \to 3'$ da fita transcrita. É importante notar que na transcrição não há necessidade de um *primer*, uma vez que a RNA polimerase é capaz de sintetizar a fita de RNA com uma fita simples de DNA. Por convenção, a posição no DNA onde a RNA-polimerase insere o primeiro nucleotídeo da transcrição é numerado +1. À jusante (*downstream*), indica-se a direção na qual a fita-molde é transcrita; à montante (*upstream*), a direção oposta. Assim, os nucleotídeos posicionados à jusante são indicados com sinal positivo (+) e aqueles à montante são indicados com sinal negativo (-) (Alberts et al., 2017; Lodish et al., 2014).

A RNA-polimerase reconhece o ponto de início da transcrição com o auxílio de proteínas chamadas de *fatores de iniciação*, que se ligam a uma região específica do DNA-molde, denominado *promotor*. Após se ligar ao promotor, a RNA-polimerase e os fatores de iniciação da transcrição se deslocam cerca de 12 a 14 pares de bases à jusante da região promotora. Nesse sentido, a fita-molde consegue se encaixar no sítio catalítico da RNA-polimerase para iniciar a transcrição, processo esse que promove a dissociação dos fatores de iniciação e da RNA polimerase (Alberts et al., 2017; Carvalho; Recco-Pimentel, 2013; Lodish et al., 2014).

Para a continuação da síntese da fita de RNAm, são necessárias outras proteínas, chamadas de *fatores de elongação*, que se ligam à RNA-polimerase, mantendo-a ativa e sintetizando o RNAm com a adição de nucleotídeos de RNA complementares à fita de DNA-molde. Para a sinalização do término da transcrição, a fita-molde apresenta uma sequência palindrômica (Figura 5.13) de CG e, no meio dela, uma sequência de AT, o que gera um RNAm formador de grampos. Esses grampos reduzem a velocidade da RNA-polimerase, o que força a interrupção da síntese. Assim, o RNAm, já pronto, é liberado (Alberts et al., 2017; Lodish et al., 2014).

Figura 5.13 – Representação da sequência palindrômica da fita-molde de DNA e seu respectivo RNAm

DNA
Molde

5' CCC AGCCCGC CTAATGA GCGGGCT TTTTTTTGAACAAAA 3'
3' GGG TCGGGCG GATTACT CGCCCGA AAAAAAACTTGTTTT 5'

RNA
Transcrito
5' CCC AGCCCGC CUAAUGA GCGGGCU UUUUUUU — OH 3'

A sequência palindrômica é aquela que, independentemente do sentido em que é lida, sempre apresenta as mesmas sequências de bases. Essas sequências permitem a formação de grampos na estrutura, uma vez que elas se pareiam entre si graças à complementaridade que possuem em razão da organização palindrômica (Alberts et al., 2017).

O RNAm, em procariotos, é sintetizado no próprio citoplasma da célula em razão da ausência de núcleo e a síntese de proteínas é iniciada muitas vezes de forma simultânea à transcrição. Em eucariotos, o RNAm passa por um processamento antes de sair do núcleo e se associar aos ribossomos no citoplasma (Figura 5.14) (Voet; Voet; Pratt, 2008). A primeira modificação ocorre na extremidade 5' do RNAm e consiste na adição de um *cap* 5' ao RNAm, formado por uma molécula de 7-metilguanilato, cuja função é proteger o RNAm contra a ação de RNAses e auxiliar na exportação do RNAm do núcleo para o citoplasma (Carvalho; Recco-Pimentel, 2013; Lodish et al., 2014). A extremidade 3' também apresenta uma modificação: nela é adicionada uma cauda de 100 a 250 bases de adenina, chamada de *poli(A)*. Essa cauda permite associações de proteínas que protegem o RNAm contra a degradação (Nelson; Cox, 2014).

Figura 5.14 – Etapas de transcrição e processamento do RNA transcrito na formação do RNAm

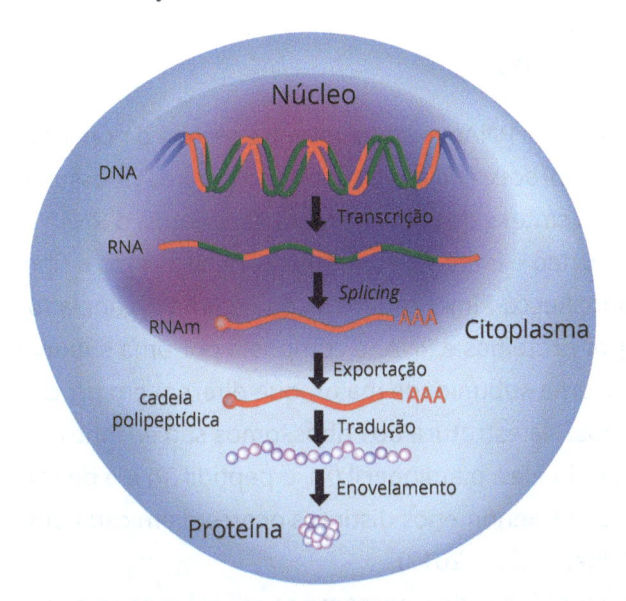

Outro processamento é o *splicing*, pelo qual o RNAm sofre a remoção de algumas regiões chamadas de *íntrons*, mantendo outras denominadas *éxons*. Esse processo explica como o número de proteínas é muito superior ao número de genes, porém, antigamente, acreditava-se que um gene era responsável por codificar uma proteína. Após a remoção dos íntrons, os éxons são ligados e formam uma fita única de RNAm, que será traduzida no ribossomo. Entretanto, dependendo da necessidade das células, alguns éxons podem ser removidos em alguns momentos, deixando um RNAm diferente que, por consequência, codificará uma proteína diferente. Dessa forma, um mesmo gene pode codificar mais de uma proteína, o que é determinado pelos fragmentos de RNAm que serão removidos. Essa capacidade de "escolher" quais éxons serão mantidos é chamada de *splicing alternativo* (Alberts et al., 2017; Lodish et al., 2014; Nelson; Cox, 2014; Voet; Voet; Pratt, 2008).

5.5.3 Tradução

Uma vez que o RNAm está pronto, ele recebe o nome de *RNAm maduro* ou *processado* e é direcionado para os ribossomos, onde ocorrerá a síntese de proteínas. Em eucariotos, o RNAm deve sair do núcleo e ir até o citoplasma para encontrar o ribossomo (Carvalho; Recco-Pimentel, 2013), que é uma organela formada por proteínas e RNAr e composta por uma subunidade menor e uma subunidade maior, que diferem em procariotos e eucariotos. Na estrutura dos ribossomos são encontrados três sítios, sendo eles: o aminoacil (A), o peptidil (P) e o de saída (E) (Figura 5.15). Fenômenos distintos ocorrem em cada um desses sítios (Alberts et al., 2017).

As subunidades do ribossomo se mantêm separadas até que o RNAm se associe à subunidade menor, expondo suas trincas de base (códon) no sítio P. Assim, o RNAt com o anticódon (na região inferior), complementar ao códon presente no RNAm, entra no sítio P, e a subunidade maior do ribossomo se liga ao complexo, dando início à tradução (Nelson; Cox, 2014). Os fatores de iniciação da tradução são proteínas que estão presentes em procariotos e eucariotos para coordenar a montagem dos ribossomos e o encaixe dos RNAs de forma correta. O códon AUG codifica o aminoácido metionina. No entanto, o AUG mais próximo da extremidade 5' do RNAm determina o início da tradução, o que lhe confere o título de *códon de iniciação* (Carvalho; Recco-Pimentel, 2013).

Figura 5.15 – Organização do complexo ribossomal para a síntese de proteína

Proteína em formação

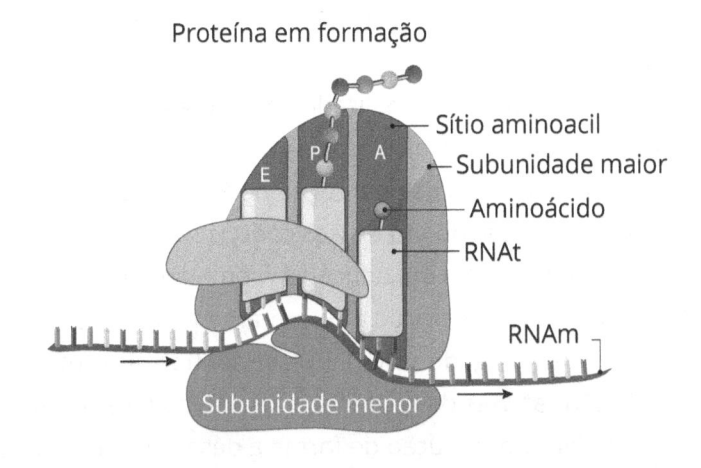

Sítio aminoacil
Subunidade maior
Aminoácido
RNAt
RNAm
Subunidade menor

Levando-se em consideração que os sítios aminoacil (A), peptidil (P) e de saída (E) são as regiões onde os fenômenos da tradução ocorrem, uma vez que o complexo esteja montado, o segundo códon do RNAm está no sítio A, onde chega o segundo RNAt com o anticódon complementar. Nesse momento, as proteínas ribossomais catalisam a ligação peptídica entre o aminoácido do primeiro RNAt com o aminoácido do RNAt seguinte, formando um dipeptídeo. Em seguida, os RNAm e RNAt avançam um sítio: o primeiro RNAt se desloca para o sítio E e o segundo para o sítio P, liberando o sítio A para a chegada do próximo RNAt. Da mesma forma, o RNAm avança, posicionando o terceiro códon no sítio A para interagir com o anticódon do próximo RNAt. Nesse sentido, o RNAm determina qual RNAt entra no ribossomo, pois apenas quando o anticódon do RNAt é complementar ao códon do RNAm é que o encaixe no ribossomo é perfeito a ponto de permitir a ligação peptídica entre os aminoácidos na extremidade superior dos RNAts (Alberts et al., 2017; Lodish et al., 2014; Nelson; Cox, 2014; Voet; Voet; Pratt, 2008).

A parada da tradução é sinalizada por fatores de terminação RF_1, RF_2 e RF_3 em procariotos. Por sua vez, em eucariotos ocorre pela presença de códons de finalização no RNAm, sendo eles: UAA, UGA e UAG. Quando um desses códons surge no sítio A do ribossomo, não há RNAt com anticódon complementar, pois no lugar entra o fator de liberação eRF_1 juntamente com outro fator de liberação, o eRF_3, ligado ao GTP. Nesse sentido, as proteínas eRF_1 e eRF_3 são capazes de reconhecer os três códons de terminação e finalizar a tradução de forma a desmontar todo o complexo formado pelo ribossomo, RNAm e RNAt, liberando a proteína recém-sintetizada. Os equivalentes deles em procariotos são as RF_1, RF_2 e RF_3, que sinalizam a parada da tradução sem a presença de um códon de finalização, uma vez que este não existe em procariotos. Ou seja, a quebra do GTP fornece energia para a separação da cadeia polipeptídica do RNAt, sinalizando a desmontagem de todo o complexo e liberando a proteína recém-sintetizada (Lodish et al., 2014; Voet; Voet; Pratt, 2008). No processo de tradução, os códons determinam qual aminoácido será inserido na proteína.

Figura 5.16 – Códons codificantes dos aminoácidos em eucariotos

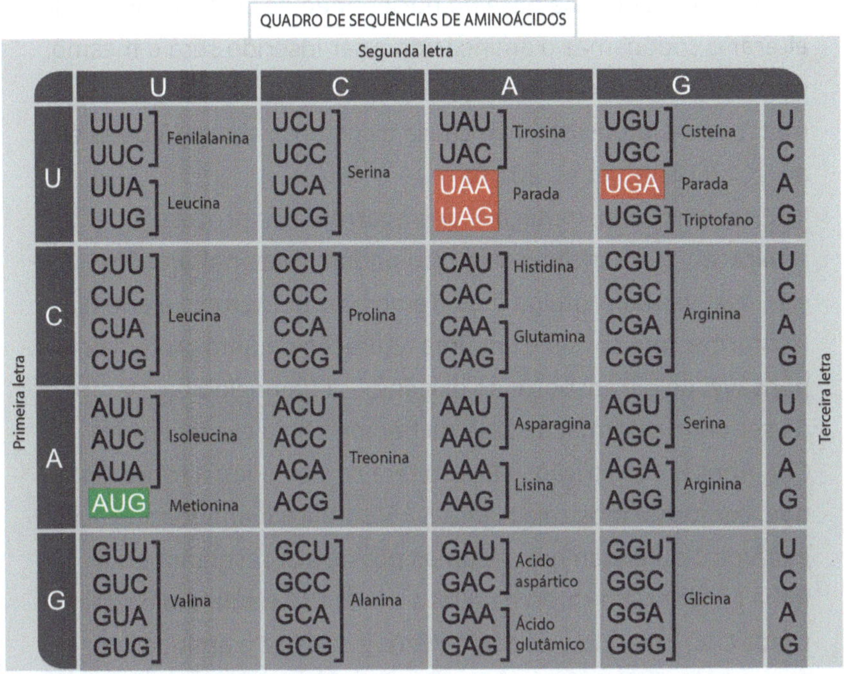

QUADRO DE SEQUÊNCIAS DE AMINOÁCIDOS

	Segunda letra				
Primeira letra	**U**	**C**	**A**	**G**	**Terceira letra**
U	UUU UUC Fenilalanina / UUA UUG Leucina	UCU UCC UCA UCG Serina	UAU UAC Tirosina / UAA UAG Parada	UGU UGC Cisteína / UGA Parada / UGG Triptofano	U C A G
C	CUU CUC CUA CUG Leucina	CCU CCC CCA CCG Prolina	CAU CAC Histidina / CAA CAG Glutamina	CGU CGC CGA CGG Arginina	U C A G
A	AUU AUC Isoleucina / AUA / AUG Metionina	ACU ACC ACA ACG Treonina	AAU AAC Asparagina / AAA AAG Lisina	AGU AGC Serina / AGA AGG Arginina	U C A G
G	GUU GUC GUA GUG Valina	GCU GCC GCA GCG Alanina	GAU GAC Ácido aspártico / GAA GAG Ácido glutâmico	GGU GGC GGA GGG Glicina	U C A G

Hoje os cientistas sabem que apenas 20 aminoácidos formam as proteínas, no entanto, conhecem a existência de 64 códons diferentes entre eles, o que indica que o código genético é **degenerado**, ou seja, que mais de um códon determina um mesmo aminoácido. A metionina apresenta um único códon, porém a alanina, a prolina, a serina, a treonina, a valina, a leucina, a glicina e a arginina possuem quatro códons cada. Embora pareça uma falha, essa é justamente uma forma de evitar falhas. Durante os processos de transferência de informações, erros podem ocorrer – por exemplo, a replicação e a transcrição gerarem uma mutação. Todavia, com o código genético

degenerado, uma mutação que ocorra no DNA não necessaria-
mente produzirá uma proteína diferente, visto que, em alguns
casos, a troca de uma base no nucleotídeo de DNA ou RNA pode
alterar o códon, mas o aminoácido a ser inserido será o mesmo,
causando, assim, uma mutação silenciosa. Ou seja, embora a
mutação de fato exista, não causa transtorno algum (Alberts et
al., 2017; Lodish et al., 2014).

Por outro lado, mutações que ocorram nos processos de
replicação, transcrição e tradução podem causar alterações
significativas na proteína final. Temos como exemplo a anemia
falciforme, que consiste em uma alteração de uma proteína responsável pelo transporte de oxigênio – a hemoglobina. Dentro
da sequência normal de DNA da hemoglobina existe a trinca
CTC. Após a transcrição, o RNAm terá como códon a trinca *GAG*,
que, conforme mostra a Figura 5.16, codifica o aminoácido ácido
glutâmico ou glutamato. Algumas pessoas apresentam uma
falha genética em razão da qual a trinca *CTC* é substituída pela
trinca *CAC*, gerando o códon *GUG*, que codifica o aminoácido
valina (Marzzoco; Torres, 2011). A alteração de uma única base
no DNA, no caso da anemia falciforme, foi capaz de provocar a
troca de um aminoácido ácido – como o glutamato – por um
aminoácido apolar pequeno como a valina. Vimos, no subcapítulo 1.4.2, que a sequência de aminoácidos determina a
estrutura e a função da proteína. Uma troca de aminoácidos de
características diferentes causa alteração na estrutura original
da hemoglobina, fazendo com que ela adquira um forma diferente do normal (Nelson; Cox, 2014). Nesse caso, a hemoglobina
adquire um formato mais alongado, atrativo para outras moléculas de hemoglobinas, que se ligam umas as outras, formando
uma estrutura fibrosa de hemoglobinas. Essa nova conformação

da hemoglobina altera o formato das hemácias (células do sangue que abrigam a hemoglobina). Com o formato alongado, em razão da mutação, a hemoglobina causa um alongamento nas hemácias, que passam a adquirir formato de foice (Figura 5.17) – por isso o nome *anemia falciforme* (Alberts et al., 2017; Marzzoco; Torres, 2011; Pierce, 2016).

Figura 5.17 – Representação das alterações da hemoglobina e da hemácia em decorrência de uma anemia falciforme

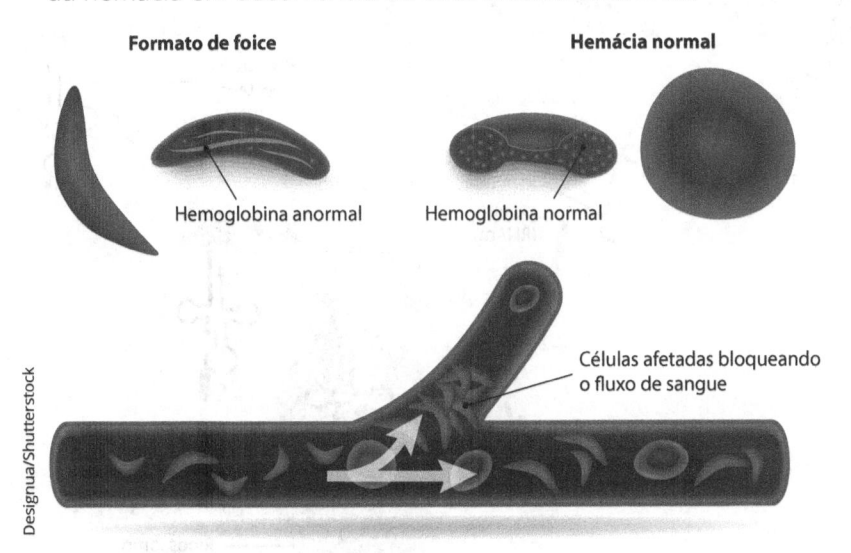

Pessoas com anemia falciforme têm problemas de circulação, hipóxia e cansaço excessivo. Isso ocorre porque o formato de foice torna as hemácias mais rígidas, dificultando seu deslocamento pelos capilares, que são vasos sanguíneos bem finos encontrados nas extremidades do corpo e nos órgãos (Nelson; Cox, 2014; Pierce, 2016)

Síntese

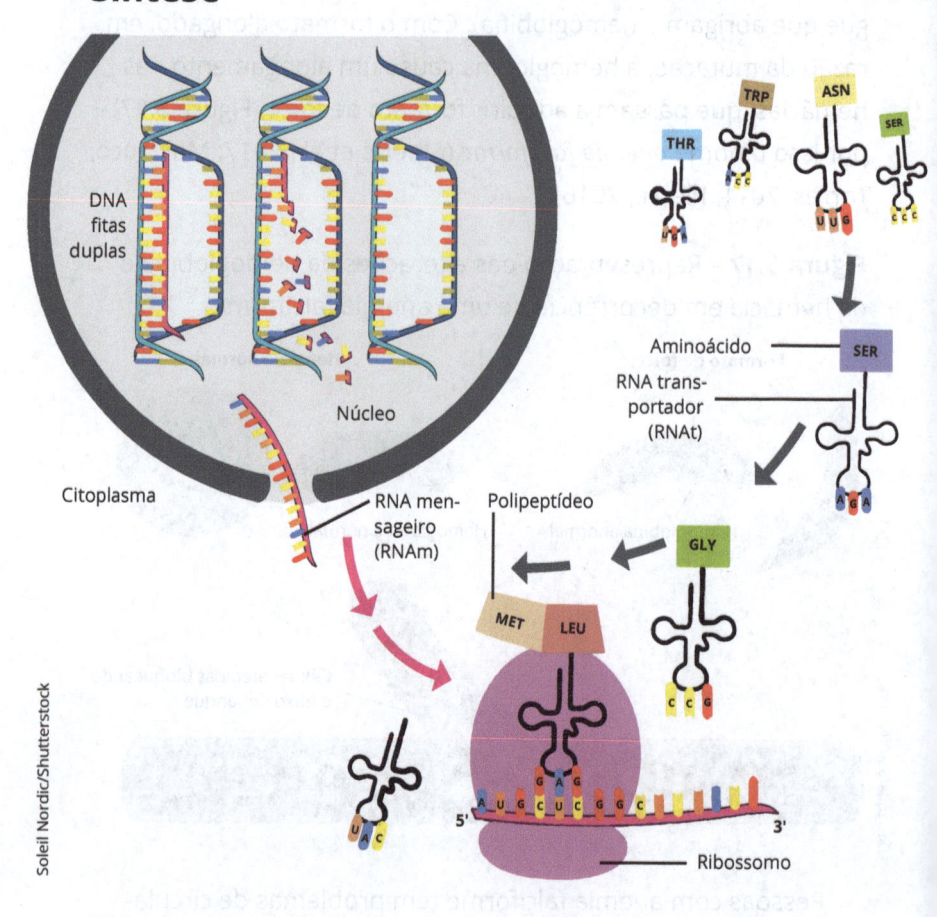

DNA fitas duplas

Núcleo

Citoplasma

RNA mensageiro (RNAm)

Polipeptídeo

Aminoácido

RNA transportador (RNAt)

SER

TRP · ASN · THR · SER

GLY · MET · LEU

Ribossomo

5' · 3'

Atividades de autoavaliação

1. Os ácidos nucleicos são macromoléculas que compõem o material genético de todos os seres vivos. Sobre os ácidos nucleicos, assinale a alternativa correta:

   A Uma cadeia polipeptídica é o resultado da união de aminoácidos em função da sequência de códons do RNA mensageiro.

B O DNA é replicado por meio de um processo denominado *transcrição gênica*.

C O RNA mensageiro (RNAm) é sintetizado com base no RNA transportador (RNAt).

D O RNA é uma molécula de fita-dupla derivada da molécula de DNA.

E O material genético não pode sofrer alterações epigenéticas.

2. Em um determinado gene, a soma das porcentagens de guanina e citosina em uma certa molécula de DNA é igual a 58% do total de bases presentes. Nesse caso, as porcentagens de guanina (G), citosina (C), adenina (A) e timina (T) nessa molécula é de, respectivamente:

A 29%, 29%, 21%, 21%.

B 58%, 58%, 42%, 42%.

C 58 % 0%, 42%, 0%.

D 25%, 25%, 25%, 25%.

E 58%, 11%, 25%, 6%.

3. O Tenofovir é um dos mais caros e importantes medicamentos anti-HIV usados no Programa Nacional de DSTAids. Tem ação antirretroviral, pois é um análogo de nucleosídeo, e, pela transcrição reversa, suas moléculas substituem o nucleotídeo verdadeiro, no caso, a adenina. O produto sintetizado com a falsa adenina perde a sua função. De acordo com matéria publicada no jornal *Estadão* (2008): "O Instituto Nacional de Propriedade Industrial (Inpi) negou a concessão da patente para o antirretroviral Tenofovir". A decisão traz nova perspectiva para a negociação de preços do medicamento.

Assim, pode-se dizer que moléculas do medicamento vão substituir a adenina pela síntese:

A do RNA viral por ação da transcriptase reversa.
B das proteínas virais com base no RNA do vírus.
C do DNA com base no RNA do vírus.
D da transcriptase reversa do vírus.
E da DNA-polimerase que faz a transcrição do material genético do vírus.

4. Com a finalidade de bloquear certas funções celulares, um pesquisador utilizou alguns antibióticos em uma cultura de células de camundongo. Entre os antibióticos usados, a tetraciclina atuou diretamente na síntese de proteína, a mitomicina inibiu a ação das polimerases do DNA e a estreptomicina introduziu erros na leitura dos códons do RNA mensageiro.

Esses antibióticos atuam, respectivamente, no:

A ribossomo, ribossomo, núcleo.
B ribossomo, núcleo, ribossomo.
C núcleo, ribossomo, ribossomo.
D ribossomo, núcleo, núcleo.
E núcleo, núcleo, ribossomo.

5. Uma molécula de DNA com sequência de bases GCATGGTCATAC permite a formação de um RNAm com a seguinte sequência de bases:

A CGTACCAGTAGT.
B CGUACCAGUAUG.
C GCUAGGACUAUU.
D CGTACCTACTCA.
E GCATGGTCATAC.

6. Os códons, modelos propostos pelos bioquímicos para representar o código genético, são constituídos por três bases nitrogenadas no RNA, cada uma das quais é representada por uma letra:

A = adenina; U = uracila; C = citosina; G = guanina.

O modelo para o códon:

(A) poderia ter duas letras, uma vez que o número de aminoácidos é igual a oito.

(B) é universal, porque mais de uma trinca de bases pode codificar um mesmo aminoácido.

(C) é degenerado, porque mais de um códon pode codificar um mesmo aminoácido.

(D) é específico, porque vários aminoácidos podem ser codificados pelo mesmo códon.

(E) é variável, uma vez que aminoácidos diferentes são codificados pelo mesmo códon.

7. Os antibióticos matam as bactérias, que são organismos unicelulares. Se uma delas passar pelo sistema imunológico humano e começar a se reproduzir dentro do corpo, poderá causar doenças. Na embalagem de um antibiótico, encontra-se uma bula que, dentre outras informações, explica a ação do remédio do seguinte modo: "O medicamento atua por inibição da síntese proteica bacteriana".

Essa afirmação permite concluir que o antibiótico:

(A) impede a fotossíntese feita pelas bactérias causadoras da doença; assim, elas não se alimentam e morrem.

(B) interrompe a produção de proteína das bactérias causadoras da doença, o que impede sua multiplicação pelo bloqueio de funções vitais.

C altera as informações genéticas das bactérias causadoras da doença, o que impede a manutenção e a reprodução desses organismos.

D dissolve as membranas das bactérias responsáveis pela doença, o que dificulta o transporte de nutrientes e provoca sua morte.

E elimina os vírus causadores da doença, pois eles não conseguem obter as proteínas que seriam produzidas pelas bactérias que parasitam.

8. A grande quantidade de notícias sobre o DNA, como clonagem, terapia gênica, testes de paternidade, engenharia genética e código genético, envolve estudos em torno da estrutura de sua molécula e de seu funcionamento. Como se sabe, o DNA é uma molécula formada por duas cadeias de nucleotídeos (dupla-hélice). A ligação entre as duas cadeias se faz pelo pareamento das bases nitrogenadas: adenina com timina e citosina com guanina. O quadro a seguir mostra um trecho da molécula de DNA e suas possíveis combinações de bases nitrogenadas relacionadas ao tipo de aminoácido codificado.

ATCCGGATGCTT	
TAGGCCTACGAA	
ATCCGGATGCTT	
UAGGCCUACGAA	
UAGGCCUACGAA	
Metionina Alanina Leucina Glutamato	
	A = Adenina
	T = Timina
Bases nitrogenadas	C = Citosina
	G = Guanina
	U = Uracila

Analisando o DNA de um animal, detectou-se que 40% de suas bases nitrogenadas eram constituídas por adenina. Relacionando esse valor com o emparelhamento específico das bases, os valores encontrados para as outras bases nitrogenadas foram:

- **A** T = 40%; C = 20%; G = 40%.
- **B** T = 10%; C = 10%; G = 40%.
- **C** T = 10%; C = 40%; G = 10%.
- **D** T = 40%; C = 10%; G = 10%.
- **E** T = 40%; C = 60%; G = 60%.

9. Promotores são regiões específicas do DNA que, apesar de não codificarem proteínas, têm um papel fundamental na regulação da expressão de genes. Assinale a seguir a afirmativa que descreve corretamente um promotor de procarioto:

- **A** Um promotor pode estar posicionado antes, depois ou no meio de um gene.
- **B** Cada promotor tem uma sequência diferente, com pouca ou nenhuma semelhança com as sequências de outros promotores.
- **C** Os promotores apresentam sequências semelhantes entre si, chamadas de *sequências consenso*, regiões com as quais a RNA-polimerase apresenta alta afinidade.
- **D** Todos os promotores apresentam a mesma sequência de bases nucleotídicas, que é fundamental para o reconhecimento pela RNA-polimerase.
- **E** Apesar de não serem essenciais para a transcrição gênica propriamente dita, promotores podem aumentar as taxas de transcrição em duas, três ou mais vezes.

10. O gene é um fragmento de DNA responsável por determinar um fenótipo. Durante o Projeto Genoma, esperava-se encontrar cerca de 100 mil a 200 mil genes em nosso material genético, dada a nossa complexidade. Entretanto, a contagem não chegou a 30 mil genes. Outra coisa intrigante é que se acreditava que cada gene seria responsável por codificar uma proteína, embora hoje se saiba que o ser humano tem 400 mil proteínas, ou seja, mais de 10 vezes o número de genes. A biologia molecular, um campo da ciência que busca compreender os mecanismos genéticos e moleculares, descobriu, ao longo dos anos, o método que a célula utiliza para produzir várias proteínas a partir de um único gene. A esse método chamamos de:

A *tradução*, pela qual o RNAm é lido de diferentes formas pelo ribossomo para formar diferentes proteínas.

B *íntron*, com o qual pedaços do DNA são removidos, restando apenas aqueles responsáveis pela síntese de proteínas.

C *promotor*, região que determina quais partes dos genes serão lidas para formar diferentes proteínas.

D *operon*, conjunto de genes coordenado por um único promotor que determina quais genes serão lidos para formar as diferentes proteínas.

E *splicing alternativo*, por meio do qual o RNA transcrito sofre cortes em sua sequência, deixando apenas os éxons necessários para sintetizar a proteína de interesse.

Questões para reflexão

1. Uma mutação ocorrida durante a transcrição realizou a modificação descrita a seguir em um códon presente no meio de uma sequência de RNAm. Quais são as consequências para a proteína gerada?

Original: UCG

Mutação: UAG

2. Determine a sequência de aminoácidos codificada pela sequência de DNA seguinte.

TAC CGG CTA ATG GAG CAG TTA AGC AAA GCC ATA TAC GAC CCT TAG ATC

Atividade aplicada: prática

1. Pesquise sobre a composição de um ribossomo procarioto e um ribossomo eucarioto e explique por que antibióticos usados para bloquear a tradução em procariotos não alteram a tradução em eucariotos.

CAPÍTULO 6

ARMAZENAMENTO E CONSERVAÇÃO DA INFORMAÇÃO GÊNICA,

Como vimos no Capítulo 5, o material genético apresenta uma organização que garante o armazenamento e a transferência eficiente da informação. Dada a importância do material genético, ele precisa ser devidamente armazenado e compactado dentro da célula de forma que fique livre da ação de enzimas, radicais livres e demais danos (Carvalho; Recco-Pimentel, 2013). Um sistema de compactação eficiente permite que o DNA seja armazenado no núcleo da células eucarióticas, ocupando o mínimo de espaço possível e evitando também enroscos que podem quebrar as duplas-fitas de DNA e causar perda da informação (Carvalho; Recco-Pimentel, 2013; Voet; Voet; Pratt, 2008).

De forma curiosa, a compactação e a organização do material genético é universal. Salvo algumas peculiaridades, qualquer maquinaria celular é capaz de ler qualquer material genético e produzir suas proteínas. Se, por um lado, isso pode ser ruim – ao pensar que os vírus conseguem invadir nossas células e inserir seu material genético, que se camufla com o nosso –, por outro lado, é possível realizar trocas de trechos de material genético de uma célula para outra e até de um organismo para o outro (Alberts et al., 2017; Nelson; Cox, 2014). A universalidade do material genético permite que os cientistas introduzam o gene de uma proteína de interesse de eucarioto em uma bactéria para que ela produza em grande escala e possa ser usada como tratamento de doenças ou terapia gênica. Isso somente é possível dada a padronização na compactação e na conservação da informação gênica (Alberts et al., 2017; Lodish et al., 2014). Essa transferência de material genético requer um conjunto de técnicas, desenvolvidas pelas áreas de biologia molecular e biotecnologia, as quais convencionou-se chamar de *Engenharia Genética*. Dessa maneira, a transferência de fragmentos de material genético de um organismo para o outro pode ser feito de forma ordenada e eficiente (Malajovich, 2016).

6.1 Formas de armazenamento de genes

A molécula de DNA não fica solta dentro da célula, uma vez que é organizada em níveis de compactação, formando fitas chamadas de *cromossomos*. As bactérias possuem um único cromossomo circular, chamado de *DNA genômico*, e algumas moléculas de DNA menores, chamadas de *plasmídeos*, que armazenam a informação sobre a resistência bacteriana (Madigan et al., 2010). Os eucariotos, por sua vez, apresentam o material genético dividido em diversos números de cromossomos (Figura 6.1), os quais determinam suas espécies. Os seres humanos, por exemplo, apresentam 46 cromossomos organizados em 23 pares; os gatos têm 38 cromossomos; os cães, 78; o coelho, 44; o cavalo, 64; o boi, 60; o trigo, 45 – e, vale dizer, há espécies de borboletas com mais de 200 cromossomos (Carvalho; Recco-Pimentel, 2013; Voet; Voet; Pratt, 2008).

Figura 6.1 – Organização do material genético em células eucariontes

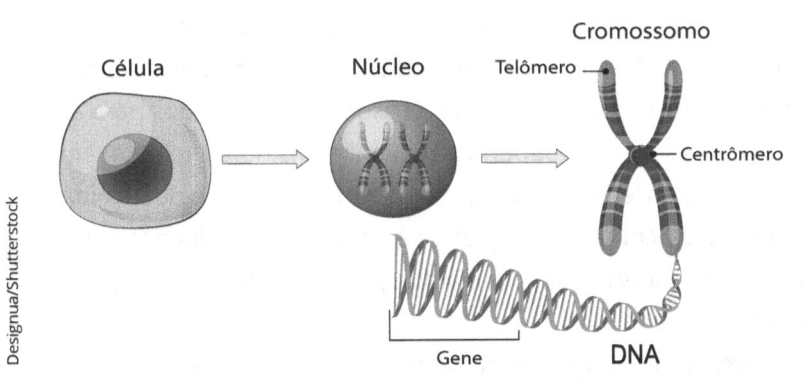

Um par de cromossomos apresenta uma sequência seme-lhante de pares de bases por determinarem as mesmas caracte-rísticas, razão pela qual são chamados de *cromossomos homólo-gos*. Entretanto, a sequência não é idêntica, variando de acordo com as características de cada genitor (Carvalho; Recco-Pimentel, 2013). Os genes presentes nos cromossomos homólogos são os mesmos e ocupam uma posição determinada chamada de *locus*. Os genes que ocupam o mesmo *locus* em cromossomos homó-logos são chamados de *alelos*. Os alelos podem ser iguais (homo-zigotos) ou diferentes (heterozigotos). Nesse último caso, pode haver um alelo dominante que vai determinar a característica do indivíduo, seguindo as leis de Mendel.

Vale abrir um parêntese para dizer que Gregor Mendel dedicou-se a pesquisar, no século XIX, a propagação de caracte-rísticas de ervilhas e, com base nesse estudo, determinou que alguns fatores estavam envolvidos de maneira intrínseca nesse processo. Embora, na época, não se soubesse o que eram esses "fatores", hoje se sabe que diz respeito aos genes. Em seus estu-dos, Mendel estabeleceu duas leis: a primeira, conhecida como *lei da segregação*, diz que as características são herdadas por um par de fatores (genes) dos genitores que passavam para os gametas e, assim, para os descendentes. A segunda lei – denominada *lei da segregação independente* – afirma que os fatores (genes) determinantes das características são passados para as gerações de forma independente. Pensemos no seguinte exemplo: um alelo determina olhos escuros, o outro alelo determina olhos claros, contexto no qual, se a cor escura de olhos for dominante sobre a cor clara, o indivíduo possuirá olhos de cor escura (Pierce, 2016).

Cerca de 1,5% do DNA humano é formado por éxons, ou seja, por regiões codificantes; 45% é composto por transposons, que são sequências móveis que codificam proteínas responsáveis pela movimentação deles no DNA. Essas proteínas clivam as regiões de transposons ligando-as a outras regiões do DNA. Para nossa sorte, a maior parte dos transposons está inativa graças a mutações causadas por esses movimentos, que, após passarem por erros, agora não migram mais. Os transposons ativos se movimentam com uma taxa muito baixa. Ainda, 3% do genoma é constituído de sequências altamente repetitivas (SSR – *simple sequence repeats*) encontradas principalmente nos centrômeros (regiões centrais do cromossomo) e nos telômeros (extremidades dos cromossomos). Essas sequências são menores que 10 pares de bases, porém se repetem com frequência na casa dos milhões de vezes por célula, mas sem uma função aparente (Nelson; Cox, 2014).

Os centrômeros são regiões de ancoragem para o fuso mitótico durante a divisão celular, mas os telômeros têm grande importância na conservação da integridade da molécula de DNA. Muitos estudos têm relacionado o encurtamento dos telômeros ao envelhecimento e a diversas doenças crônicas não transmissíveis (diabetes, hipertensão, câncer etc.). À medida que envelhecemos, os telômeros são diminuídos, porque a DNA-polimerase não consegue ir até o final de uma das fitas, deixando um pedacinho da extremidade sem ser replicada – por essa razão, a célula que receber essa molécula terá um telômero com alguns pares de bases menor. É por isso que ele apresenta uma SSR, justamente para evitar perda de informação codificante para a célula. O encurtamento gradual dos telômeros deixa o material genético menos protegido e mais suscetível a falhas, podendo desencadear uma série de doenças (Alberts et al., 2017; Lodish et al., 2014 ; Pierce, 2016).

As regiões codificantes dos cromossomos são formadas pelos genes, que podem ser transcritos, de acordo com a necessidade da célula, em um RNAm, que produzirá uma proteína responsável por cumprir uma função específica no organismo (Carvalho; Recco-Pimentel, 2013). No entanto, a hélice de DNA não fica exposta frequentemente para a ação da RNA-polimerase, pois permanece compactada de forma que caiba no núcleo celular e que não enrosque em outras estruturas (Figura 6.2), correndo o risco de ser quebrada (Carvalho; Recco-Pimentel 2013; Lodish et al., 2014). A compactação do DNA ocorre em vários níveis: a hélice de DNA se enrola em um complexo de oito proteínas chamadas *histonas*; esse complexo, denominado *octâmero de histonas*, funciona como um carretel em torno do qual a dupla--fita de DNA faz duas voltas e meia, formando uma estrutura chamada de *nucleossomo*. Uma sequência de nucleossomos é nomeada *nucleofilamento*. Assim, os nucleofilamentos se compactam formando o soleneide, que, por sua vez, forma filamentos denominados *cromatina*, sendo esta a forma pela qual o material genético é encontrado nas células durante a interface. Esse empacotamento protege o DNA contra nuclease, radiação e quebra acidentais que comprometem sua integridade (Alberts et al., 2017; Pierce, 2016).

Figura 6.2 – Compactação do DNA

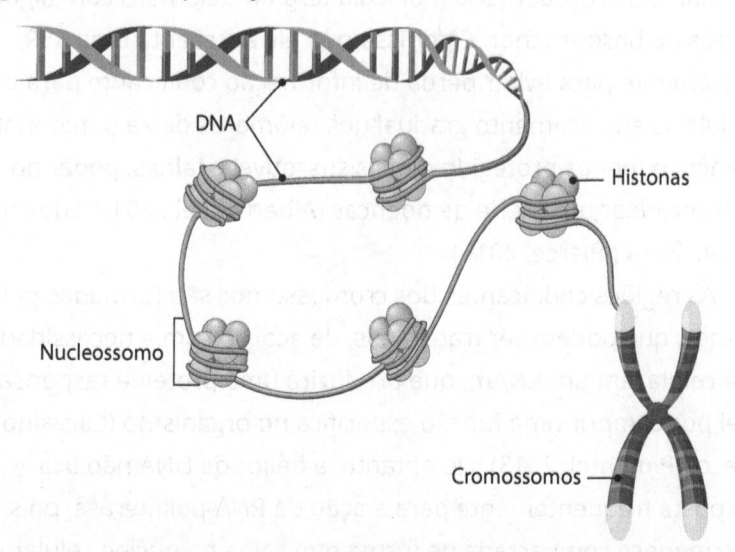

As cromatinas podem se apresentar de duas formas no núcleo interfásico: na forma de eucromatina e na forma de hete-rocromatina (Figura 6.3). As heterocromatinas são regiões mais compactadas da cromatina, de forma que os fatores de transcrição não conseguem acessá-las. Os genes que ficam nessa região não são comumente transcritos e, por isso, são considerados "inativos" na célula. Por outro lado, as eucromatinas são regiões menos compactadas das cromáticas, de forma que os fatores de transcrição e a RNA polimerase conseguem acessá-las sem dificuldade; esses genes são considerados, portanto, "ativos". A capacidade de ativar e inativar genes é essencial, uma vez que todas as células de um organismo têm o mesmo material genético. Porém, diferentes células têm diferentes funções, logo, genes que estão ativos em um tipo celular não estão ativos em outro, proporcionando a diferenciação celular (Alberts et al., 2017; Lodish et al., 2014).

Figura 6.3 – Micrografia eletrônica de transmissão de uma célula-tronco da medula óssea

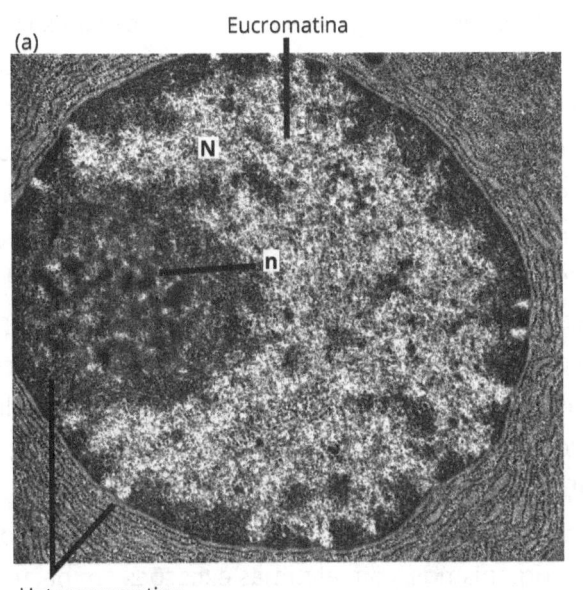

Fonte: Lodish et al., 2014, p. 261.

Vale dizer que as áreas escuras do núcleo (N), fora do nucléolo (n), são heterocromatina, enquanto as áreas esbranquiçadas são eucromatina. Ainda, é sabido que a cromatina pode sofrer condensação máxima quando a célula vai se dividir, formando estruturas bem compactas chamadas de *cromossomos*. Assim, os cromossomos são observados apenas durante a divisão celular – em outros momentos do ciclo celular, o material genético está menos condensado, isso significa que apresenta-se na forma de cromatina (Alberts et al., 2017; Carvalho; Recco-Pimentel, 2013; Pierce, 2016).

6.2 Conservação de material genético

O material genético apresenta um padrão para armazenar e transmitir a informação genética em todos os seres vivos. A estrutura em hélice e a composição dos nucleotídeos do DNA são as mesmas, variando apenas a sequência de bases nitrogenadas que compõem a fita. Os organismos podem ter números variados de fitas de DNA, como as bactérias, que apresentam apenas uma, e os humanos, que possuem 46. Essa variação é o que diferencia um organismo do outro. Por outro lado, enzimas que apresentam funções similares em diferentes organismos conservam a sequência de nucleotídeos em todos os seres vivos, como é o caso da hexoquinase, enzima que fosforila a glicose para a produção de energia pela via glicolítica (Carvalho; Recco-Pimentel, 2013; Nelson; Cox, 2014).

Os códons do RNAm codificam os mesmos aminoácidos em diferentes organismos, com algumas exceções em bactérias que não possuem códon de finalização. Logo, os códons UGA, UAA e UAG codificam aminoácidos em bactérias em vez de sinalizar a parada. Essa conservação indica uma ligação evolutiva entre os seres vivos e permite que a manipulação genética possa ser feita entre eles, como a produção de insulina (Lodish et al., 2014).

Indivíduos com *diabetes mellitus* tipo 1 apresentam uma falha genética que resulta em uma falha na produção do hormônio proteico insulina, razão pela qual, como vimos, precisam de uma reposição de tal hormônio. Antigamente, a insulina era extraída de pâncreas de porcos, purificada e comercializada para diabéticos. Esse processo, além de demorado, causava o abate de grande número de animais e muitas vezes provocava reações alérgicas em pacientes em decorrência de ser uma proteína um pouco diferente da humana. Com o avanço da biotecnologia, hoje é possível inserir o DNA humano que codifica a insulina em uma bactéria, estimulando-a a produzir a insulina utilizando uma sequência de aminoácidos do hormônio humano. Após a síntese pela bactéria, a proteína é extraída, purificada e distribuída. Além de ser um processo muito mais rápido, não há abatimento de animais, além de reduzir significativamente a resposta alérgica, justamente por se tratar de uma proteína humana (Nelson; Cox, 2014). Esse processo só pode ser executado porque a organização e a leitura do material genético são universais, de forma que diferentes organismos com uma mesma informação genética produzirão o mesmo produto. Várias substâncias estão sendo produzidas dessa maneira para o tratamento de doenças e até mesmo para a terapia gênica, em que o fragmento do DNA de um indivíduo normal é transferido para um indivíduo doente a fim de que este tenha a informação correta para produzir as substâncias que lhe faltavam em razão de sua doença (Malajovich, 2016).

6.3 Estudos com biomoléculas animais

A expressão heteróloga de proteínas consiste em uma técnica amplamente utilizada para produzir grandes quantidades de uma proteína de interesse em um organismo que normalmente não tem o gene que a codifica (Figura 6.4). Um exemplo atual é o fator VIII da cascata de coagulação humana. O fator VIII é uma proteína envolvida em uma complexa sequência de reações para a cicatrização dos tecidos. Pessoas que apresentam uma mutação no fator VIII desenvolvem uma doença chamada *hemofilia*, em razão da qual o indivíduo manifesta severas dificuldades de cicatrização, podendo perder muito sangue em pequenos cortes. O tratamento da doença é feito pela reposição de concentrados de fatores da coagulação. Infelizmente, as proteínas representam 7% da composição do sangue, menos de 1% é de moléculas de fator VIII. Isso indica que, para atender à reposição de uma pessoa com hemofilia, seria necessária uma grande quantidade de sangue de pessoas saudáveis. Uma alternativa a esse processo é a produção do fator VIII de forma recombinante, ou seja, a inserção do gene codificante do fator VIII humano em uma bactéria para que ela possa produzi-lo em grandes quantidades, assim como a insulina. As proteínas não se comportam de maneira similar fora do seu ambiente natural, razão pela qual, atualmente, grupos de pesquisa brasileiros vêm estudando formas de garantir a estabilidade e o alto rendimento da produção de fator VIII de forma recombinante para atender à demanda de hemofílicos de forma eficiente e a baixo custo (Covas, 2012).

Essa iniciativa se torna possível por meio de técnicas de biologia molecular e engenharia genética, pelas quais se pode isolar o gene que codifica a proteína de interesse para, posteriormente, inseri-lo no genoma de uma bactéria. Em condições ideais, a bactéria transcreve o gene e expressa a proteína de interesse, que pode ser extraída da bactéria e purificada para estudos. Por isso, a expressão heteróloga de proteínas foi responsável pela massiva quantidade de estudos relacionados à função e à estrutura de proteínas, desde procariontes, arqueas, animais, vegetais, até a metagenômica de solo (Alberts et al., 2017; Lodish et al., 2014; Voet; Voet; Pratt, 2008).

Figura 6.4 – Representação esquemática da preparação da célula hospedeira para produção de proteínas de forma heteróloga

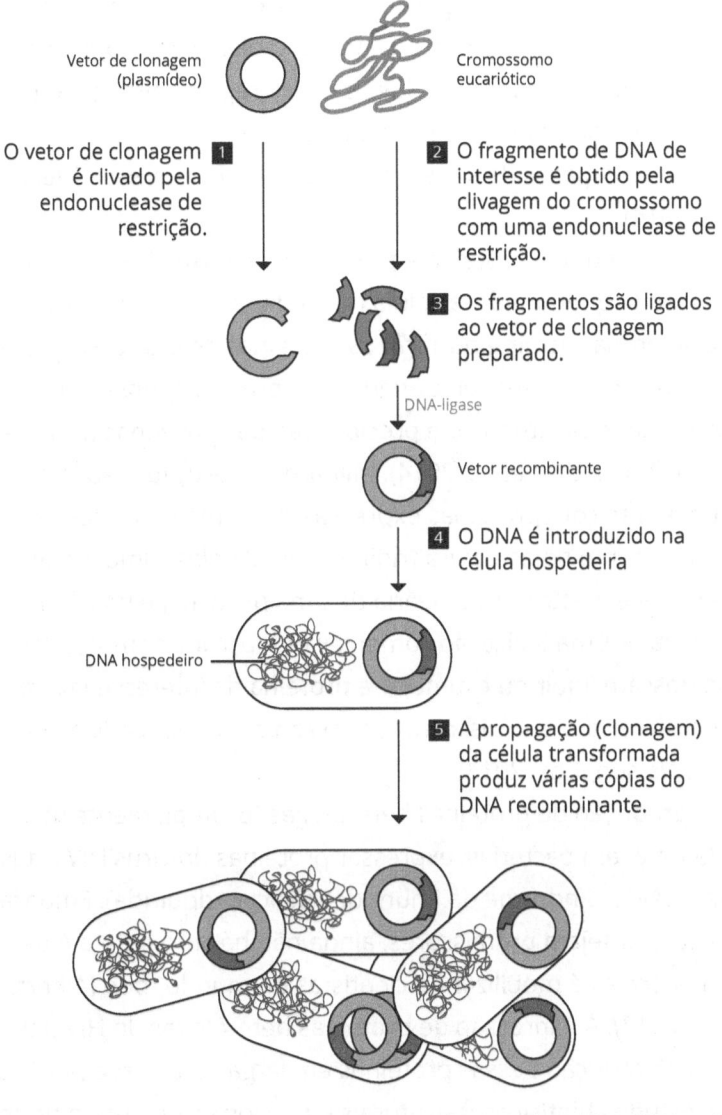

Vetor de clonagem (plasmídeo)

Cromossomo eucariótico

O vetor de clonagem é clivado pela endonuclease de restrição. **1**

2 O fragmento de DNA de interesse é obtido pela clivagem do cromossomo com uma endonuclease de restrição.

3 Os fragmentos são ligados ao vetor de clonagem preparado.

DNA-ligase

Vetor recombinante

4 O DNA é introduzido na célula hospedeira

DNA hospedeiro

5 A propagação (clonagem) da célula transformada produz várias cópias do DNA recombinante.

Fonte: Nelson; Cox, 2014, p. 315.

Conforme demonstra a figura, o gene eucarioto de interesse é inserido em um plasmídeo bacteriano por um processo de clonagem. Em seguida, o plasmídeo ligado ao gene eucarioto é incorporado na bactéria por um processo chamado de *transformação*. Uma vez que a bactéria possui o plasmídeo com o gene de interesse, sob condições ideais ela se reproduzirá, gerando novas bactérias com o gene de interesse e todas as células-filhas serão capazes de sintetizar a proteína de interesse (Nelson; Cox, 2014).

Uma vez que a proteína é produzida de forma heteróloga em grande quantidade, a célula hospedeira é destruída para que se possa extrair e purificar as proteínas de interesse. Esses processos devem ser selecionados de forma criteriosa, para não causar desnaturação e precipitação das proteínas durante o trabalho (Lodish et al., 2014). Milhares de estudos são feitos anualmente com proteínas expressas de forma heteróloga para conhecimento da estrutura tridimensional delas. Uma vez que se conhece a estrutura terciária de uma proteína, é possível lhe atribuir uma aplicação comercial ou buscar por moléculas que possam inibir ou estimular a proteína de interesse *in vivo* e monitorar o efeito disso em um organismo vivo (Lodish et al., 2014; Nelson; Cox, 2014)

A produção de proteínas heterólogas foi amplamente utilizada para, em bactérias, expressar proteínas do vírus HIV, causador da Aids (Síndrome da Imunodeficiência Adquirida). Embora os estudos sejam promissores, ainda não há cura para a Aids, cuja busca está mobilizando cientistas do mundo todo (Alberts et al., 2017). A expressão de proteínas heterólogas do HIV permitiu a produção dessas proteínas em larga escala, sua purificação, estudos biofísicos, estruturais e funcionais que permitiram entender a formação e o funcionamento dessas proteínas no vírus e no hospedeiro, servindo de base para investigações clínicas em busca de fármacos eficazes (Ryu et al., 2003).

Além da produção heteróloga de proteína, outra técnica tem participado das buscas pela cura do HIV. Pequenos RNAs produzidos pelas células chamados de *micro-RNA* (miRNA) apresentaram interação com a extremidade 3' de RNAm. Essa interação resulta na inibição ou na degradação do RNAm, em ambos os casos a tradução é inibida. Foi observado que esses miRNAs controlam o tempo de desenvolvimento em alguns organismos, protegem contra RNA invasores e monitoram o movimento de transposons. Com base nesses estudos, foi criado o RNAi, conhecido como *RNA de interferência*. Esse RNAi produzido em laboratório funciona como o miRNA, silenciando genes e interferindo nos processamentos do RNAm e no processo de tradução. Com o RNAi, é possível criar mutantes, o que tem sido usado no estudo de vírus na tentativa de bloquear a transmissão da informação do HIV e do vírus da poliomielite (Alberts et al., 2017; Lodish et al., 2014; Voet; Voet; Pratt, 2008).

Na busca por métodos que possam alterar o material genético de células defeituosas e cancerígenas, surgiu a técnica de CRISPR-Cas9 (*Clustered Regularly Interspaced Short Palindromic Repeat*s – em português, Repetições Palindrômicas Curtas Agrupadas e Regularmente Interespaçadas). Com a capacidade de manipular o material genético *in vivo*, CRISPR-Cas9 já mostrou resultados promissores no controle da anemia falciforme em teste clínicos (Gonçalves; Paiva, 2017; Mollanoori; Teimourian, 2018). A proteína Cas9 funciona como um mecanismo de defesa das células procariontes capaz de clivar uma molécula de DNA invasora, como a dos vírus. Esse mecanismo reduz a chance de um vírus obter sucesso na infecção da bactéria. A Cas9 é capaz de reconhecer uma sequência específica de DNA e clivá-la (Figura 6.5) de forma que não consiga se reconstruir corretamente, causando falhas na sua sequência de nucleotídeos. Essas falhas comprometem a informação genética, de modo que a informação produzida agora possa não ter mais a mesma eficiência (Mollanoori; Teimourian, 2018; Tian et al., 2017).

Figura 6.5 – Mecanismo de CRISPR-Cas9

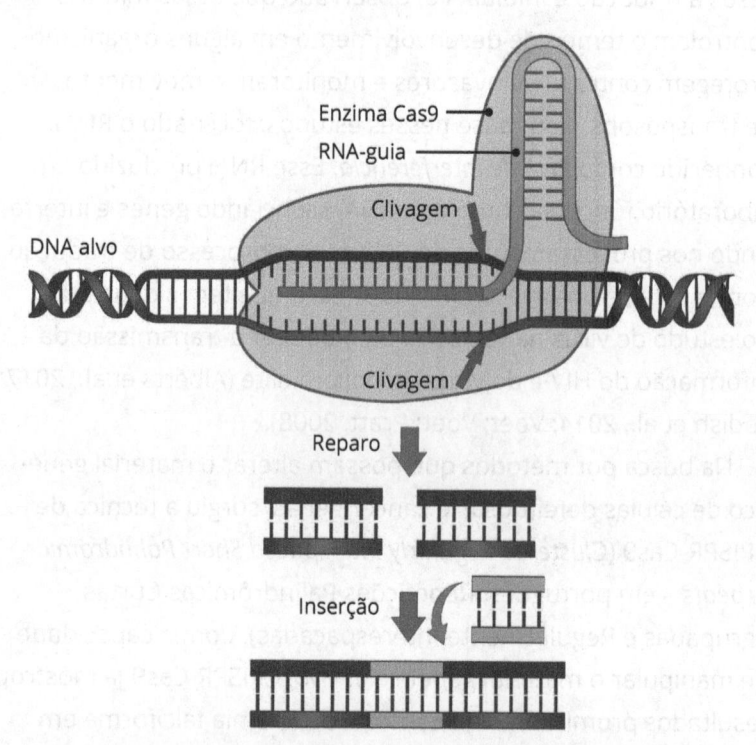

A técnica de CRISPR consiste em adicionar à Cas9 uma molécula de RNA denominada *RNA-guia*, que apresenta uma sequência de nucleotídeos complementar à região do DNA que se queira alterar. Ao inserir a Cas9 e o RNA-guia, quando eles encontram a sequência de DNA complementar, este abre a dupla fita e pareia com o RNA-guia dentro da enzima Cas9. Nesse momento, a enzima Cas9 cliva o DNA e a maquinaria celular tenta reconstruir a fita de DNA clivada; porém, sem um molde a sequência de nucleotídeo inserida é aleatória, causando uma mutação e, consequentemente, a inativação do gene afetado (Tian et al., 2017). Esse método, denominado *mecanismo de reparação não homóloga*, é aplicado quando o objetivo é causar uma mutação aleatória em um gene, por exemplo, em genes ativos em células cancerígenas, reduzindo o crescimento do câncer (Gonçalves; Paiva, 2017; Mollanoori; Teimourian, 2018). Ainda, a CRISPR-Cas9 pode ser usada para corrigir genes defeituosos, visto que as doenças genéticas ocorrem devido a mutações em determinados genes, de forma que a função destes fica comprometida. Quando a Cas9 cliva o gene defeituoso reconhecido pelo RNA-guia, uma sequência correta de nucleotídeos do gene pode ser inserida na célula, de forma que ela sirva de molde para que a fita de DNA clivada consiga se refazer de maneira correta, corrigindo a mutação. Esse método, denominado *mecanismo de reparação homóloga*, pode ser feito *in vivo* e *ex vivo* (Tian et al., 2017) e tem sido usado em testes de terapia gênica a fim de reverter casos de *diabetes mellitus* tipo 1, cânceres, mal de Parkinson, doença de Huntington e muitas outras doenças. Todas as moléculas necessárias para o processo são inseridas nas células por meio de um vírus geneticamente modificado, uma vez que os vírus são capazes de inserir moléculas nas células de forma eficiente (Gonçalves, Paiva, 2017; Mollanoori; Teimourian, 2018). As vantagens da utilização de CRISPR-Cas9 são inúmeras, dentre elas estão a flexibilidade e facilidade de editar diferentes genomas com uma única proteína, a alta afinidade pelo gene alvo, mais rápida que a clonagem gênica, além da capacidade de edição *in vivo* (Mollanoori; Teimourian, 2018).

6.4 Estudos com biomoléculas vegetais

Uma grande aplicação na conservação de material genético em plantas é a construção de organismos transgênicos a serem aplicados na agricultura. Organismos transgênicos são muito confundidos com organismos geneticamente modificados (OGM). Os OGMs correspondem a organismos que tiveram alguma alteração no próprio material genético – geralmente a deleção ou o silenciamento de algum gene ou conjunto de genes. Por sua vez, os transgênicos são organismos que receberam um pedaço do DNA de outro organismo de uma espécie diferente (Alberts et al., 2017; Carvalho; Recco-Pimentel, 2013). O cultivo de vegetais transgênicos foi instalado no Brasil em 1998 e, ao longo desses mais de 20 anos, não há registro de malefícios à saúde humana e animal ou de danos ao meio ambiente, confirmando a segurança desses organismos. Cana-de-açúcar, soja, milho e algodão são exemplos de espécies transgênicas amplamente usadas no Brasil com resistência a alguma praga ou a herbicidas, conferindo maior sobrevivência a essas plantas e economizando cerca de bilhões anuais para a agricultura brasileira (Molinari, 2018).

A cana-de-açúcar transgênica é a mais nova planta autorizada no Brasil. Essa planta, que confere ao país o título de maior produtor mundial, com safras em torno de 640 milhões de toneladas, sofre com uma pequena praga conhecida como *broca-da-cana*, que causa prejuízos anuais que chegam a R$ 5 bilhões. Esse novo cultivar agora é resistente à broca-da-cana causada pela larva da mariposa da espécie *Diatraea saccharalis*, que consome a polpa do caule da cana-de-açúcar, fragilizando a planta, que pode se quebrar com a força do vento, causando perdas na produção. A nova planta foi criada por técnicas de biologia molecular e manipulação genética, com base na qual o gene *cry1Ab*, da bactéria de solo *Bacillus thuringiensis*, foi inserido no genoma da cana-de-açúcar. Quando expresso, o gene *cry1Ab* produz uma proteína tóxica para a larva causadora da broca, conferindo à cana-de-açúcar resistência à praga sem afetar a produtividade. A técnica consiste basicamente em isolar o gene *cry1Ab* em laboratório e fazer milhares de cópias pela técnica de reação em cadeia da polimerase (PCR). Essas cópias são revestidas por micropartículas de ouro que serão bombardeadas com um canhão biobalístico contra as células do calo embriogênico – um tecido do caule da cana-de-açúcar. As células bombardeadas que incorporaram o gene *cry1Ab* são cultivadas em meio de cultura específico e dão origem à planta transgênica (Burnquist, 2017). Embora o gene em questão seja de uma bactéria, quando inserido no genoma de planta, sua expressão é feita normalmente, sem que haja perdas na estrutura da proteína e comprometimento de função. Isso ocorre apenas porque o material genético é conservado, desde sua constituição até a forma como ele é "lido", e, assim, a informação é passada adiante. Naturalmente, algumas adaptações são necessárias em laboratório para que o sistema funcione normalmente, mas a base da informação e de transmissão é mantida, garantindo a eficiência do sistema (Alberts et al., 2017; Lodish et al., 2014).

O primeiro transgênico vegetal incorporado no Brasil foi a soja resistente ao herbicida glifosato, muito usado para matar ervas daninhas, especialmente as folhosas perenes e gramíneas que competem com as culturas por nutrientes, água e luminosidade, prejudicando o desenvolvimento das culturas, como a soja. A espécie da bactéria *Agrobacterium spp*, ao ser encontrada, e com base em estudos, manifestou resistência ao glifosfato, que era decorrente da presença do gene *cp4-epsps*. Assim como na cana-de-açucar, o gene *cp4-epsps* foi isolado, revestido por partículas de ouro e, por biobalística, bombardeado em células vegetais embrionárias de soja, originando uma planta da espécie que contivesse o gene *cp4-epsps*. Da mesma forma que na cana-de-açúcar, DNAs de organismos diferentes são lidos da mesma maneira, gerando o mesmo produto sem que a estrutura e a função sejam comprometidas. Atualmente, além da soja, existem cultivares de algodão, canola, milho e alfafa que também são resistentes ao glifosfato (Borém, 2005).

6.5 Mecanismos de regulação gênica

Em organismos multicelulares, todas as células apresentam cópias idênticas de todos os cromossomos do indivíduo. Logo, o material genético presente em um neurônio tem exatamente as mesmas fitas de DNA presentes na célula da pele do mesmo indivíduo. Então, o que faz com que essas duas células sejam tão distintas? São os genes expressos em cada uma delas. Muitos genes ativos nos neurônios estão inativos nas células da pele e vice-versa, garantindo a divisão de funções entre as células de um mesmo organismo. Da mesma forma, genes que controlam o ciclo celular estão ativos em células normais, embora apareçam reprimidos em células cancerígenas. Isso nos leva a uma segunda pergunta: Como as células sabem quais genes ativar? Para isso, existe uma complexa cascata de reações que estimula proteínas dentro das células a interagir com o DNA e expor mais ou menos um gene para que ele possa ser expresso ou não (Alberts et al., 2017; Lodish et al., 2014).

Em procariotos, o controle da expressão gênica ocorre principalmente na fase de iniciação, agindo sobre a região promotora do gene. Um gene será transcrito apenas se ele for necessário para a célula. Assim, o seu controle poderá ser de duas formas: i) moléculas que bloqueiam o promotor, impedindo que a RNA-polimerase se ligue a ele; e ii) moléculas que se ligam à RNA-polimerase, fazendo com que ela intensifique a transcrição. As duas situações são antagônicas e, por isso, não ocorrerão ao mesmo tempo. No entanto, ambas podem controlar a expressão de um determinado gene (Carvalho; Recco-Pimentel, 2013). De maneira simplista, quando a bactéria se encontra em ambiente com baixa concentração de lactose, o promotor associado a genes do metabolismo da lactose está inativo por um repressor, razão pela qual a RNA-polimerase não consegue se ligar ao promotor e transcrever o gene. De certa forma, essa transcrição seria inútil, uma vez que não há lactose e, por isso, não faz sentido expressar proteínas envolvidas no seu metabolismo. Em contrapartida, em um ambiente rico em lactose, esta se liga ao repressor, desligando-o do promotor e permitindo que a RNA-polimerase se ligue a ele e transcreva os genes relacionados ao metabolismo da lactose. Ainda mais curioso é que a baixa taxa de glicose diminui a produção de energia, aumentando o AMPc, que serve como um estímulo para a RNA-polimerase transcrever mais os genes ligados ao metabolismo da lactose. Isso faz todo sentido, uma vez que há lactose, o repressor não está ativo e a carência de ATP estimula o metabolismo da lactose para que a energia seja produzida com base nela (Alberts et al., 2017; Lodish et al., 2014; Nelson; Cox, 2014).

Em eucariotos, o sistema de regulação da transcrição é altamente complexo e envolve diversas proteínas de ligação ao DNA, que recebem o nome de *fatores de transcrição*. Esses fatores têm a capacidade de ativar ou suprimir a transcrição ao interagirem com a região promotora que se encontra a 30 bases à montante do gene, em uma sequência de nucleotídeos conhecida como *TATAAA* (Lodish et al., 2014). Outra diferença em eucariotos está na capacidade de os elementos de controle da transcrição serem encontrados em dezenas e centenas de pares de bases de distância (à montante ou à jusante) da região promotora, associando-se a ela por uma torção causada na molécula de DNA para aproximar os elementos de controle da região promotora (Alberts et al., 2017; Lodish et al., 2014).

Outro mecanismo de regulação também é bastante comum em células eucarióticas: o controle epigenético. O termo *epigenético* está relacionado a alterações hereditárias no fenótipo de uma célula que não resultam em modificações na sequência de DNA. Esse mecanismo epigenético pode ser herdado e modificado de acordo com os hábitos do indivíduo (Alberts et al., 2017; Lodish et al., 2014). Dois mecanismos epigenéticos são amplamente estudados: a metilação e a acetilação (Figura 6.6). A metilação pode ser estimulada por fatores de transcrição e consiste na adição de um grupo metil nas citosinas da molécula de DNA, formando 5-metil-citosina pela ação de metiltransferases de DNA. O grupo metil fica exposto na fita de DNA, formando pequenos obstáculos que impedem a passagem da RNA-polimerase, bloqueando a transcrição – dessa forma, a metilação age como um inibidor epigenético da transcrição gênica. Em contrapartida, a demetilação, ou seja, a remoção dos grupos metil do DNA, promove a ativação da trancrição gênica. Além da fita de DNA, as histonas que interagem com ele também podem ser metiladas, recebendo o grupo metil no aminoácido lisina. A metilação dificulta a articulação do octâmero de histonas, impedindo o acesso da RNA-polimerase ao DNA e, consequentemente, impedindo a transcrição do gene. Da mesma forma que na fita de DNA, a demetilação remove os grupos metil das histonas, liberando a transcrição do gene (Lodish et al., 2014; Ornellas et al., 2017).

A acetilação, por sua vez, é um processo semelhante à metilação, porém com função oposta. A acetilação ocorre apenas em histonas. Quando acetiladas, as histonas sofrem uma mudança conformacional; expondo a fita de DNA para que a RNA-polimerase, ao acessá-la, efetue a transcrição do gene, funcionando, assim, como um ativador da fita. A remoção da acetilação (a desacetilação, portanto) promove o empacotamento da fita de DNA, bloqueando o acesso da RNA-polimerase na região e impedindo a transcrição (Lodish et al., 2014). O processo de acetilação ocorre nos aminoácidos lisina e arginina, principalmente nas histonas 3 e 4 (H3 e H4), por ação da enzima histona acetilase. Quando acetilados, esses aminoácidos básicos passam a ter a carga positiva neutralizada, alterando a estrutura da histona, de forma que ela perca afinidade pela fita de DNA, deixando a cromatina relaxada (eucromatina) e disponível para a ligação da RNApolimerase iniciar a transcrição (Ornellas et al., 2017).

Figura 6.6 – Mecanismos epigenéticos do controle da expressão gênica

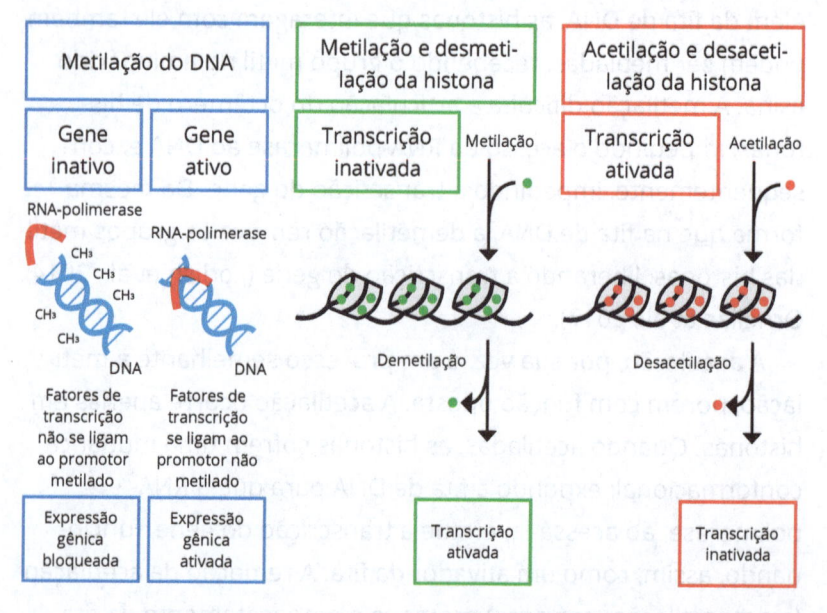

Fonte: Ornellas et al., 2017, p. 555.

Vale dizer que os mecanismos podem ser passados dos genitores para a sua prole, de forma que hábitos mantidos ao longo da vida podem causar alterações epigenéticas nas células responsáveis pela gametogênese. Assim, os gametas apresentarão tais alterações as quais prosseguirão para a prole. Sabe-se que a alimentação da mulher durante o período gestacional influencia a tendência do feto desenvolver síndrome metabólica quando adulto e que filhos de pais obesos têm maior índices de massa corpórea (IMC) e maior propensão para o desenvolvimento de diabetes e problemas cardiovasculares (Ornellas et al., 2017).

 **Curiosidade**

Você sabia que os hábitos influenciam a forma como seu material genético é lido? As atividades do nosso cotidiano estimulam uma série de reações intracelulares que provocam a liberação de substâncias. Essas substâncias podem interagir com outras substâncias, ou até mesmo com o DNA, e alterar os índices de metilação e acetilação, modificando, por consequência, a expressão gênica. Estudos mostram que alimentação, atividade física e sono influenciam diretamente os mecanismos epigenéticos da expressão gênica. As substâncias liberadas podem estimular ou inibir a expressão de proteínas pró-inflamatórias ou anti-inflamatórias. Essas substâncias influenciam o funcionamento do organismo, prejudicando e melhorando o seu modo de funcionar.

Síntese

Genes	Regulação	Aplicação

São fragmentos de DNA que armazenam sequências de nucleotídeos, os quais codificam informações necessárias para a célula.	A expressão dos genes de interesse é regulada pela conformação da cromatina ou por regulação epignética com bases nos processos de metilação ou acetilação.	A tecnologia do DNA recombinante permite a manipulação e a edição do DNA para criar organismos geneticamente modificados, bem como gerar produtos de interesse médico e industrial.

Atividades de autoavaliação

1. (Enem – 2008) Durante muito tempo, os cientistas acreditaram que as variações anatômicas entre os animais fossem consequência de diferenças significativas entre seus genomas. Porém, os projetos de sequenciamento de genoma revelaram o contrário. Hoje, sabe-se que 99% do genoma de um camundongo é igual ao do homem, apesar das notáveis diferenças entre eles. Sabe-se também que os genes ocupam apenas cerca de 1,5% do DNA e que menos de 10% dos genes codificam proteínas que atuam na construção e na definição das formas do corpo. O restante, possivelmente, constitui DNA não codificante. Como explicar, então, as diferenças fenotípicas entre as diversas espécies animais? A resposta pode estar na região não codificante do DNA.

(S. B. Carroll et al. O jogo da evolução. In: Scientific American Brasil, jun./2008 (com adaptações)).

A região não codificante do DNA pode ser responsável pelas diferenças marcantes no fenótipo porque contém

A. as sequências de DNA que codificam proteínas responsáveis pela definição das formas do corpo.

B. uma enzima que sintetiza proteínas a partir da sequência de aminoácidos que formam o gene.

C. centenas de aminoácidos que compõem a maioria de nossas proteínas.

D. informações que, apesar de não serem traduzidas em sequências de proteínas, interferem no fenótipo.

E. os genes associados à formação de estruturas similares às de outras espécies.

2. Sobre os telômeros, é correto afirmar:

   A São regiões centrais do cromossomo onde os fusos mitóticos se ligam para puxar cada cromossomo para uma extremidade da célula durante a divisão celular.

   B São genes especializados em se mover no material genético, protegendo-o da ação de enzimas e agentes danificadores.

   C Formam uma região não traduzida no início dos genes para sinalizar onde a transcrição destes deve ser iniciada.

   D Formam as extremidades dos cromossomos e são consituídos de longas regiões de repetições que protegem e dão estabilidade ao cromossomo.

   E Formam regiões móveis no DNA que sofrem mutações constantemente.

3. A regulação da expressão gênica resulta em respostas fisiológicas bastante variadas nos diversos organismos, como o desaparecimento da cauda em girinos e a utilização de determinados tipos de açúcares (carboidratos) em bactérias. Acerca desse assunto, assinale a alternativa correta:

   A Metilações podem ocorrer tanto no DNA quanto em histonas, promovidas pela ação de uma mesma enzima. Em ambos os casos, o resultado é a diminuição da transcrição do gene localizado naquela parte do DNA.

   B A acetilação e a desacetilação de histonas são processos que influenciam o controle da expressão gênica. A acetilação, em geral, promove a transcrição de genes, enquanto a desacetilação a inibe.

C O sistema *operon trp* (triptofano) pode ser ativado em humanos por uma dieta rica em triptofano, como o consumo da carne de peru.

D Em bactérias, um exemplo de controle da expressão gênica é aquele exercido pelo *operon lac*, que é ativado quando a lactose presente no meio induz a ligação de um coativador à região promotora do gene da lactase.

E A associação do DNA com proteínas chamadas *histonas* não exerce papel regulatório sobre a transcrição de genes em eucariotos, mas sim na manutenção da integridade do material genético.

4. Assinale a alternativa que apresenta um exemplo de transgenia:

A Incorporação e expressão de gene humano que codifica insulina por bactérias.

B Desenvolvimento de um organismo completo com base em uma célula somática.

C Organismo que apresenta tanto estruturas reprodutoras masculinas quanto femininas.

D Gene que sofreu mutações, originando múltiplos alelos para um mesmo *locus*.

E Organismo mais vigoroso, com muitos genes em heterozigose, resultante do cruzamento de duas variedades puras distintas.

5. O primeiro organismo transgênico foi obtido por volta de 1981, quando genes de coelhos foram injetados em ovos de camundongos que se desenvolveram no útero de fêmeas desta espécie. Os camundongos nascidos desses ovos apresentaram hemoglobina de coelho em suas hemácias, porque:

A o RNAm do coelho injetado no ovo passou a conduzir a síntese de proteínas nessa célula.

B o DNA do coelho injetado no ovo se incorporou a um cromossomo e foi transmitido de célula a célula mediante mitoses.

C o DNA do coelho injetado no ovo foi transcrito para o RNA ribossômico, que conduziu a síntese de proteínas nessa célula.

D o RNAm do coelho injetado no ovo se incorporou a um cromossomo e foi transmitido de célula a célula mediante mitoses.

E o DNA do coelho injetado no ovo se incorporou a um cromossomo e passou a conduzir a síntese de proteínas nessa célula.

6. Considerando que a informação genética encontra-se, em grande parte, armazenada no DNA nuclear e que, com base nesse conhecimento, foi possível desenvolver técnicas de biotecnologia que possibilitaram a produção de insumos biológicos, avalie as assertivas a seguir e a relação proposta entre elas:

I) A produção de insumos biológicos ocorre pela utilização de bactérias e técnicas de biologia molecular.

porque

II) O fragmento de DNA de interesse é introduzido no plasmídeo bacteriano para a produção de grandes quantidades de proteínas.

Com base no exposto, podemos afirmar:

A As asserções I e II são proposições verdadeiras, e a II é uma justificativa correta da I.

B As asserções I e II são proposições verdadeiras, mas a II não é uma justificativa correta da I.

C A asserção I é uma proposição verdadeira e a II é uma proposição falsa.

D A asserção I é uma proposição falsa e a II é uma proposição verdadeira.

E As asserções I e II são proposições falsas.

7. Na figura a seguir, no fim do processo demonstrado, que inclui a replicação, a transcrição e a tradução, há três formas proteicas diferentes, denominadas *a*, *b* e *c*.

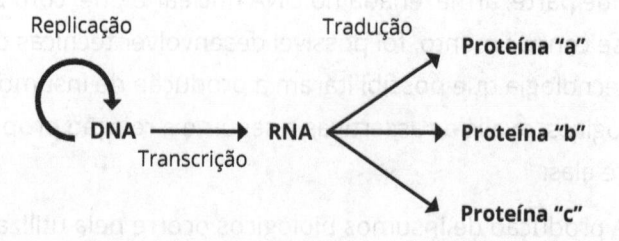

Modelo de transmissão da informação genética

Depreende-se do modelo que:

A a única molécula que participa da produção de proteínas é o DNA.

B o fluxo de informação genética nos sistemas biológicos é unidirecional.

C as fontes de informação ativas durante o processo de transcrição são as proteínas.

D é possível obter diferentes variantes proteicas com base em um mesmo produto da transcrição.

E a molécula de DNA possui forma circular e as demais moléculas possuem forma de fita simples linearizadas.

8. A palavra *biotecnologia* surgiu no século XX, quando o cientista Herbert Boyer introduziu a informação responsável pela fabricação da insulina humana em uma bactéria, para que ela passasse a produzir a substância.

As bactérias modificadas por Herbert Boyer começaram a produzir insulina humana porque receberam:

A a proteína sintetizada por células humanas.

B o RNAm da insulina humana.

C a sequência de DNA codificante de insulina humana.

D o RNAr da insulina humana.

E um cromossomo da espécie humana.

9. A técnica "tesoura genética», também conhecida como *CRISPR-Cas9*, foi desenvolvida em 2012 com base em um mecanismo, semelhante e natural, utilizado por bactérias para se protegerem de infecções por bacteriófagos. Desde então, vem sendo utilizada por cientistas em várias partes do mundo para estudo a nível molecular e até mesmo na cura de determinadas doenças. Nesse processo, utiliza-se um RNA-guia (CRISPR) junto com uma enzima de restrição (Cas9). O RNA-guia é uma sequência complementar de um determinado trecho de DNA. A CRISPR-Cas9, ao ser introduzida em uma célula viva, identifica a sequência de DNA complementar e a enzima corta o DNA em um ponto específico. Com relação

à técnica mencionada, a alteração na sequência de DNA provocada pela CRISPR-Cas9 pode inativar um gene, pois:

A o sistema CRISPR-Cas9 é capaz de reconhecer sequências específicas de DNA e, uma vez que a sequência do DNA foi alterada pela ação do Cas9, o RNA transcrito com base nessa sequência também será alterado, fazendo com que a proteína traduzida pelo RNAm não seja funcional, ou seja, o gene pode ser inativado.

B o sistema CRISPR-Cas9 é capaz de reconhecer sequências específicas de RNA e, uma vez que a sequência deste foi alterada pela ação do Cas9, o DNA transcrito com base nessa sequência também será alterado, fazendo com que a proteína traduzida pelo RNAm seja funcional, ou seja, o gene pode ser ativado.

C o sistema CRISPR-Cas9 é capaz de reconhecer sequências específicas de DNA e, uma vez que a sequência do RNA foi alterada pela ação do Cas9, o RNA transcrito com base nessa sequência também será alterado, fazendo com que a proteína traduzida pelo RNAr não seja funcional, ou seja, o gene pode ser ativado.

D o sistema CRISPR-Cas9 é capaz de reconhecer sequências específicas de DNA e, uma vez que a sequência do DNA foi alterada pela ação do Cas9, o RNA transcrito com base nessa sequência também será alterado, fazendo com que a proteína traduzida pelo RNAr não seja funcional, ou seja, o gene pode ser inativado.

E o sistema CRISPR-Cas9 é capaz de reconhecer sequências específicas de DNA e, uma vez que a sequência do DNA foi alterada pela ação do Cas9, o RNA transcrito com base nessa sequência também será alterado, fazendo com que a proteína traduzida pelo RNAm seja funcional, ou seja, o gene pode ser inativado.

10. Doenças genéticas, como como as doenças autoimunes, não apresentam cura, uma vez que se originam de falhas no material genético. Diversos medicamentos e métodos buscam amenizar os sintomas, sem tratar a causa da doença. Entretanto, métodos de edição de DNA estão mudando essa realidade. Terapias gênicas são mecanismos de alterações do DNA que buscam corrigir uma falha genética, revertendo, portanto, o quadro dessas doenças. Sobre tais técnicas, podemos afirmar:

A A técnica de CRISPR-Cas9 causa uma mutação aleatória no gene, de forma que este possa funcionar corretamente.

B O material genético falho pode ser clivado e reconstituído de forma correta pela técnica de CRISPR-Cas9.

C A metilação é um processo que pode inibir genes defeituosos, podendo curar doenças genéticas.

D As alterações epigenéticas são capazes de influenciar a forma com que a informação genética é acessada, evitando que a doença seja passada para a prole.

E Alterações no material genético são possíveis apenas *in vitro* e em ambientes bem controlados.

Atividades de aprendizagem

Questões para reflexão

1. O Projeto Genoma Humano (PGH) durou de 1990 a 2003 e foi a maior empreitada da ciência, que reuniu o mundo inteiro e toda a comunidade científica para identificar e sequenciar

todos os genes humanos. Sabendo que os seres humanos apresentam cerca de 400 mil proteínas, esperava-se um número, pelo menos similar, de genes, mas não foi o que aconteceu. O PGH sequenciou apenas 25 mil genes, cerca de 20% do material genético, e o restante estaria envolvido em questões regulatórias do DNA. Depois, com base em uma análise mais minuciosa do PGH, foi descoberto um mecanismo que explica por que o número de proteínas é muito superior ao número de genes. Qual mecanismo é este e como ele funciona?

2. "A metilação garante a diferenciação celular". Comente essa frase.

Atividade aplicada: prática

1. Organize em uma tabela os tipos de RNAs e a maneira como eles podem ser utilizados no controle do fluxo da informação gênica.

' CONSIDERAÇÕES FINAIS

O conhecimento das estruturas de biomoléculas, como carboidratos, lipídeos, proteínas e ácido nucleicos, nos permite, como você pôde acompanhar no decorrer desta obra, relacionar a forma das moléculas com suas respectivas funções no ambiente celular e no organismo como um todo. A estrutura das moléculas está diretamente relacionada com suas funções, o que evidencia a importância do Capítulo 1, que elucida a estrutura das biomoléculas para que possamos compreender, nos capítulos seguintes, suas funções específicas.

Assim, com relação ao aprendizado geral retirado de cada capítulo, no Capítulo 1 você pôde conhecer as principais moléculas que formam os seres vivos, compreendendo sua estruturação, sua classificação e suas principais funções. Nesse contexto, você pôde notar que a composição básica delas se mantém desde os organismos mais simples até os mais complexos e que todos são dotados de grande diversidade bioquímica. Essa diversidade de moléculas e reações que ocorrem dentro das células é fruto de milhões de anos de evolução que contribuíram para selecionar os organismos que apresentassem as melhores interações com o ambiente, garantindo a sobrevivência deles.

Como você aprendeu, os seres vivos são constituídos por células formadas por uma infinidade de moléculas orgânicas e inorgânicas – a água, exemplo de molécula orgânica, é uma molécula polar que participa de reações químicas e do controle da temperatura corporal. As moléculas orgânicas – como carboidrato, lipídeo, proteína – são usadas como fonte de energia para as células e apresentam estruturas específicas. Os carboidratos, por exemplo, são formados por monossacarídeos, que podem se organizar em dissacarídeos e polissacarídeos por meio de ligações glicosídicas. Os lipídeos, por sua vez, são compostos por ácidos graxos ou colesterol e fundamentais na formação das membranas celulares e na produção de hormônios. As proteínas, por seu turno, embora participem principalmente da estrutura dos organismos pluricelulares, exercem funções de transporte, proteção, regulação e catálise enzimática. A característica estrutural dessas moléculas reflete a forma como elas interagem com nossas células e realizam suas funções da melhor maneira – qualquer alteração na composição ou na estrutura dessas moléculas implica a perda de sua função. Ainda, sobre as vitaminas, elas podem ser lipossolúveis ou hidrossolúveis e se comportam como moléculas reguladoras, que auxiliam as reações químicas, permitindo a funcionalidade correta do organismo.

No Capítulo 2, você pôde compreender que, na fase anabólica, os organismos armazenam os nutrientes consumidos, criando estoques. A glicose, por exemplo, pode ser armazenada no fígado, nos músculos e nos rins na forma de glicogênio, ou, ainda, se em grande quantidade, convertida em triacilglicerol, armazenando-se no tecido adiposo. Na fase catabólica, conforme mostramos, há quebra dos mencionados estoques para a produção de energia, o que, com os carboidratos, pode ocorrer em anaerobiose e aerobiose. Em anaerobiose, a glicose é oxidada pela glicólise, produzindo ATP e duas moléculas de piruvato, processo após o qual esse piruvato pode passar por fermentação alcoólica, lática ou acética, que visam reciclar os intermediários da glicólise para que ela se mantenha ativa, produzindo ATP. Na presença de oxigênio (aerobiose), por outro lado, a célula realiza a respiração celular, que consiste na conversão de piruvato em acetil-CoA, que será oxidado na mitocôndria no ciclo de Krebs, gerando as coenzimas NADH e $FADH_2$, as quais serão levadas até a cadeia respiratória para a produção de grande quantidade de ATP, estimulada pela presença do O_2 no final da cadeia. Todas as reações são catalisadas por enzimas que podem ser reguladas, aumentando ou diminuindo a velocidade das vias de acordo com a disponibilidade de substrato e de produtos gerados e garantindo uma produção de acordo com as necessidades da célula.

Os lipídeos, como você constatou no Capítulo 3, embora sejam conhecidos pelos malefícios que podem causar à saúde, devem fazer parte da alimentação, uma vez que são essenciais para a estrutura e o funcionamento dos organismos. Como vimos, os componentes membranosos das células são formados por fosfolipídeos e colesterol, sendo que este último também é utilizado na síntese de vitamina D e hormônios sexuais. Os triacilgliceróis, que desempenham as funções de reserva energética e isolante térmico, são digeridos no intestino delgado com o auxílio da bile e de lipases, sendo, com os fosfolipídeos e o colesterol, absorvidos pelos enterócitos até o plasma, onde são transportados para os tecidos associados a lipoproteínas, que limitam o contato dos lipídeos hidrofóbicos com a água. Nesse contexto, você pôde entender, ainda, que os triacilgliceróis fornecem energia para a célula durante o catabolismo ou a atividade física, com base em uma sinalização hormonal que estimula a lipase, sensível a hormônio (LSH), a clivar o triacilglicerol em três moléculas de ácido graxo e um glicerol, a fim de disponibilizá-los no plasma. Por sua vez, o glicerol é usado para a gliconeogênese com o objetivo de manter a glicemia, ao passo que os ácidos graxos são conduzidos ao interior da mitocôndria com o auxílio da carnitina e sofrem o processo de β-oxidação, produzindo grandes quantidades de energia. A β-oxidação libera grande quantidade de acetil-CoA, utilizada para a produção de corpos cetônicos, levando energia para o sistema nervoso – embora, vale dizer, altos níveis de corpos cetônicos podem causar acidose metabólica, podendo levar à morte.

O Capítulo 4 foi dedicado às proteínas, que, conforme você pôde verificar, são constituídas por um esqueleto carbônico e um grupo amino e exercem diversas funções no organismos vivos, sendo, por isso, utilizadas como último recurso para a produção de energia. Durante o catabolismo, o grupo amino é transferido para uma molécula de α-cetoglutarato a fim de formar o glutamato. O esqueleto carbônico resultante do aminoácido é chamado de *α-cetoácido*, que pode ser convertido em glicose, para a manutenção da glicemia, ou, então, em Acetil-CoA, com o objetivo de produzir energia via ciclo de Krebs. O grupo amino pode, ainda, ser reaproveitado para a síntese de novos aminoácidos, mas o excesso deve ser eliminado, conforme você conferiu. Um complexo sistema de transporte conduz o grupo amino dos tecidos até o fígado para a formação de amônia. Esta, tóxica para os seres vivos, é convertida em ureia nos hepatócitos pelo ciclo da ureia, que também é usado para a síntese de aminoácidos. Nesse processo, como você aprendeu, a ureia formada no fígado é lançada no sangue para ser capturada pelos rins e eliminada na forma de urina. Os aminoácidos também são utilizados para a produção de outras moléculas, como o aminoácido glicina para a síntese de porfirinas – moléculas cíclicas que têm afinidade por metal e exercem funções diversas no organismo. Você viu, ao final, que as porfirinas estão presentes na hemoglobina, auxiliando no transporte de oxigênio e na cadeia respiratória, com a síntese de ATP. Falhas na síntese de porfirinas geram doenças conhecidas como *porfirias*.

Com o conteúdo do Capítulo 5, você pôde assimilar que a informação genética está contida na forma de polímero de nucleotídeos, organizados em uma hélice na qual as fitas são antiparalelas e mantidas por ligações de hidrogênio que, embora sejam fracas, garantem, se em grande quantidade, a estabilidade da molécula conhecida como *DNA*. Ainda, você verificou que o DNA armazena e transfere as informações para as células, garantindo que as substâncias necessárias sejam produzidas. Todo o DNA, para isso, é copiado por um processo chamado de *replicação* antes de as células se dividirem, garantindo que as células-filhas tenham toda a informação da células progenitoras. Além disso, o DNA controla as substâncias produzidas nas células ao passar a informação para o citoplasma na forma de RNAm, em um processo chamado de *transcrição*. O RNAm, por sua vez, após um processamento, encontra o RNAt e o RNAr no citoplasma para a síntese de proteínas, em um processo denominado *tradução*. Vale sempre lembrar que, para evitar erros, uma série de proteínas está envolvida nos processos de replicação, transcrição e tradução. Como esses processos ocorrem muitas vezes nas células, em alguns momentos os erros acontecem, mas podem não causar alterações nas proteínas porque o código genético é degenerado; porém, em outras oportunidades, pequenas mutações são passíveis de alterar significativamente a estrutura das proteínas, fazendo com que elas não funcionem corretamente ou percam sua função, levando ao desenvolvimento de doenças.

O Capítulo 6 tratou do material genético, que, embora seja responsável pela grande diversidade de características e das mais diversas formas de vida, segue um padrão na compactação e na transmissão da informação. Ainda que pareça simples demais, esse padrão garante uma ligação evolutiva entre todos os seres vivos, permitindo que a troca de materiais genéticos entre eles não impeça o material genético transferido de ser lido e, assim, propagar a sua informação. A biotecnologia viu nessa semelhança a oportunidade de silenciar genes de diferentes organismos patogênicos pela técnica de RNA de interferência e pela modificação de organismos, inserindo neles fragmentos de DNA de interesse de outros organismos, a fim de produzir uma substância específica para tratar doenças ou gerar um produto comercial. Assim surgiram os organismos transgênicos, que, no Brasil, ocupam posição de destaque na agricultura, com plantas capazes de resistir a pragas e herbicidas.

A informação contida no material genético, como você viu, é transmitida de forma cuidadosa para produzir apenas substâncias de acordo com a necessidade da célula em um determinado momento. Dessa forma, os genes apresentam um mecanismo de ativação e repressão em sua região promotora, a fim de controlar quando e como cada gene deverá ser expresso, e se será expresso, uma vez que é importante manter alguns genes desligados a fim de que não produzam substâncias incompatíveis com as funções da célula. Além disso, você entendeu que mecanismos epigenéticos regulam a expressão gênica por meio da inserção ou da remoção de grupos metil ou acetil diretamente na fita de DNA ou nas histonas. Você viu também que a metilação no DNA ou nas histonas visa à inibição da transcrição, enquanto a acetilação das histonas ativa a transcrição.

E aqui, no final desta obra, reforço a importância do entendimento da Bioquímica nas diferentes áreas biológica se na compreensão dos seres vivos de forma clara e objetiva, a fim de contribuir para o crescimento acadêmico e profissional.

A Bioquímica não é uma ciência exata, razão pela qual sofre frequentes alterações com o passar do tempo. No entanto, o entendimento de sua base abre caminhos para a compreensão das atualizações e dos processos cada vez mais complexos na manipulação do material genético, na produção de biomoléculas, no controle do metabolismo e em todos as vertentes da disciplina.

❝ REFERÊNCIAS

ALBERTS, B. et al. **Biologia molecular da célula**. Tradução de Ardala Elisa Breda Andrade et al. 6. ed. Porto Alegre: Artmed, 2017.

ALVES, N. N. R.; GAGLIARDO, L. C.; LAVINAS, F. C. A importância de fibras dietéticas solúveis no tratamento do diabetes. **Saúde e Ambiente em Revista**, Duque de Caxias, v. 3, n. 2, p. 20-29, 2008.

BACILA, M. **Bioquímica veterinária**. São Paulo: J.M. Varela, 1980.

BORÉM, A. Variedades transgênicas e meio ambiente: segurança ambiental das variedades comerciais. **Biotecnologia Ciência & Desenvolvimento**, Uberlândia, ano VIII, n. 34, p. 91-99, jan./jun. 2005. Disponível em: <https://docente.ifrn.edu.br/helidamesquita/disciplinas/agricultura-geral/revista-biotecnologia-ciencia-e-desenvolvimento>. Acesso em: 28 abr. 2020.

BRASIL. Ministério da Saúde. Beribéri: Entenda a doença causada pela falta de vitamina B1. **Blog da Saúde**, Ministério da Saúde, 2016. Disponível em: <http://www.blog.saude.gov.br/index.php/geral/51674-beriberi-entenda-a-doenca-causada-pela-falta-de-vitamina-b1>. Acesso em: 7 jan. 2020.

BREDEMEIER, C.; MUNDSTOCK, C. M. Regulação da absorção e assimilação do nitrogênio nas plantas. **Ciência Rural**, Santa Maria, v. 30, n. 2, p. 365-372, 2000. Disponível em: <https://www.scielo.br/pdf/cr/v30n2/a29v30n2.pdf>. Acesso em: 28 abr. 2020.

BURNQUIST, W. L. Canaviais mais resistentes. **Revista Pesquisa FAPESP**, n. 258, ago. 2017. Disponível em: <https://revista pesquisa.fapesp.br/2017/08/18/canaviais-mais-resistentes/>. Acesso em: 28 abr. 2020.

CARNEIRO, M. S.; VIEIRA, M. L. C. Mapas genéticos em plantas. **Bragantia**, Campinas, v. 61, n. 2, p. 89-100, maio/ago. 2002. Disponível em: <https://www.scielo.br/pdf/brag/v61n2/18469. pdf>. Acesso em: 28 abr. 2020.

CARVALHO, H. F.; RECCO-PIMENTEL, S. M. **A célula**. 3. ed. Barueri: Manole, 2013.

CASE, L. P.; CAREY, D. P.; HIRAKAWA, D. A. Protein and Amino Acids. In: CASE, L. P.; CAREY, D. P.; HIRAKAWA, D. A. (Ed.). **Canine and Feline Nutrition**. St. Louis: Mosby-Year Book, 1998. p. 17-94.

CHALMERS. A New Insight into How DNA is Held Together. **Chemistry and Chemical Engineering**, 30 Sep. 2019. Disponível em: <https://www.chalmers.se/en/departments/ chem/news/Pages/DNA-held-together.aspx>. Acesso em: 10 fev. 2020.

COVAS, D.T. **Produção Nacional de Fator VIII da coagulação**. São Paulo: FMERP-USP, 2012.

CYRINO, E. S.; ZUCAS, S. M. Influência da ingestão de carboi-dratos sobre o desempenho físico. **Revista da Educação Física**, Maringá, v. 10, n. 1, p. 73-79, 1999. Disponível em: <http://periodicos.uem.br/ojs/index.php/RevEducFis/article/ view/3816/0>. Acesso em: 28 abr. 2020.

FENG, B. et al. Hydrophobic Catalysis and a Potential Biological Role of DNA Unshackling Induced by Environment Effects. **Proceedings of the National Academy os Sciences of the United States of America**, v. 116, n. 35, p. 17169-17174, Aug. 2019.

FONSECA, K. P.; RACHED, C. D. A. Complicações do Diabetes Mellitus. **International Journal of Health Management**, n. 1, p. 1-13, 2019. Disponível em: <http://www.ijhmreview.org/ijhmreview/article/download/149/88>. Acesso em: 28 abr. 2020.

FONTES, R. **Integração dos metabolismos dos carbohidratos, gorduras e proteínas ao longo do dia e no jejum prolongado**. FMUP – Faculdade de Medicina da Universidade do Porto, 2014. Slides de aulas.

GARCIA, M. A. T.; KANAAN, S. et al. **Bioquímica clínica**. 2. ed. São Paulo: Atheneu, 2014.

GONÇALVES, G. A. R.; PAIVA, R. de M. A. Terapia gênica: avanços, desafios e perspectivas. **Einstein**, v. 15, n. 3, p. 369-375, 2017. Disponível em: <https://www.scielo.br/pdf/eins/v15n3/pt_1679-4508-eins-15-03-0369.pdf>. Acesso em: 28 abr. 2020.

GOODWIN, S.; MCPHERSON, J. D.; MCCOMBIE, W. R. Coming of Age: Ten Years of Next-Generation Sequencing Technologies. **Nature Reviews Genetics**, v. 17, n. 6, p. 333-351, Jun. 2016.

GUEDES, C.; DINIZ, D. A ética da história do aconselhamento genético: um desafio à educação médica. **Revista Brasileira de Educação Médica**, v. 33, n. 2, p. 247-252, 2009. Disponível em: <https://www.scielo.br/pdf/rbem/v33n2/12.pdf>. Acesso em: 28 abr. 2020.

GUYTON, A. C.; HALL, J. E. **Tratado de fisiologia médica**. Tradução de Alcides Marinho Junior et al. 12. ed. Rio de Janeiro: Elsevier, 2011.

HARVEY, R. A.; FERRIER, D. R. **Bioquímica ilustrada**. 5. ed. Porto Alegre: Artmed, 2012.

INPI nega patente ao anti-retroviral Tenofovir. **Estadão**, São Paulo, 2 set. 2008. Agência Estado.

LEITE, H. P. Metabolismo de vitaminas e oligoelementos. In: TELLES JUNIOR, M.; LEITE, H. P. **Terapia nutricional no paciente pediátrico grave**. São Paulo: Atheneu, 2005. p. 213-224.

LODISH, H. et al. **Biologia celular e molecular**. Tradução de Adriana de Freitas Schuck Bizarro et al. 7. ed. Porto Alegre: Artmed, 2014.

MADIGAN, M. T. et al. **Brock**: Biology of Microorganisms. 13. ed. San Francisco: Benjamin Cummings, 2010.

MALAJOVICH, M. A. **Biotecnologia**. 2. ed. Rio de Janeiro: BTeduc, 2016.

MARZZOCO, A.; TORRES, B. B. **Bioquímica básica**. 3. ed. Rio de Janeiro: Guanabara Koogan, 2011.

MASTROENI, M. F.; GERN, R. M. M. **Bioquímica**: práticas adaptadas. São Paulo: Atheneu, 2008.

MOLINARI, H. Transgênicos orgulhosamente brasileiros. **Revista Agroanalysis**, v. 38, n. 2, p. 30-31, fev. 2018. Disponível em: <http://bibliotecadigital.fgv.br/ojs/index.php/agroanalysis/article/viewFile/77454/74224>. Acesso em: 28 abr. 2020.

MOLLANOORI, H.; TEIMOURIAN, S. Therapeutic Applications of CRISPR/Cas9 System in Gene Therapy. **Biotechnology Letters**, v. 40, n. 6, p. 907-914, Apr. 2018.

NELSON, D. L.; COX, M. M. **Princípios de bioquímica de Lehninger**. Tradução de Ana Beatriz Gorini da Veiga et al. 6. ed. Porto Alegre: Artmed, 2014.

ORNELLAS, F. et al. Pais obesos levam a metabolismo alterado e obesidade em seus filhos na idade adulta: revisão de estudos experimentais e humanos. **Jornal de Pediatria**, Rio de Janeiro, v. 93, n. 6, p. 551-559, 2017. Disponível em: <https://www.scielo.br/scielo.php?script=sci_arttext&pid=S0021-75572017000600551&lng=en&nrm=iso&tlng=pt>. Acesso em: 28 abr. 2020.

PALERMO, J. R. **Bioquímica da nutrição**. 2. ed. São Paulo: Atheneu, 2014.

PAULI, J. R. et al. Novos mecanismos pelos quais o exercício físico melhora a resistência à insulina no músculo esquelético. **Arquivos Brasileiros de Endocrinologia e Metabologia**, São Paulo, v. 53, n. 4, p. 399-408, jun. 2009. Disponível em: <https://www.scielo.br/pdf/abem/v53n4/v53n4a03.pdf>. Acesso em: 28 abr. 2020.

PERINI, J. A. de L. et al. Ácidos graxos poli-insaturados n-3 e n-6: metabolismo em mamíferos e resposta imune. **Revista de Nutrição**, Campinas, v. 23, n. 6, p. 1075-1086, nov./dez. 2010. Disponível em: <https://www.scielo.br/pdf/rn/v23n6/13.pdf>. Acesso em: 28 abr. 2020.

PIERCE, B. A. **Genética**: um enfoque conceitual. Tradução de Beatriz Araujo do Rosário. 5. ed. Rio de Janeiro: Guanabara Koogan, 2016.

REVISTA PESQUISA FAPESP. Controle genético do presunto. São Paulo, n. 54, p. 37, 2000.

RYU, J. et al. Enhanced Uptake of a Heterologous Protein with an HIV-1 Tat Protein Transduction Domains (PTD) at Both Termini. **Molecules and Cells**, v. 16, n. 3, p. 385-391, Nov. 2003.

SALIBIAN, A.; MONTALTI, D. Physiological and Biochemical Aspects of the Avian Uropygial Gland. **Brazilian Journal of Biology**, São Carlos, v. 69, n. 2, p. 437-446, 2009.

SANTOS, M. P. dos; HAACK, A. Fenilcetonúria: diagnóstico e tratamento. **Comunicação em Ciências da Saúde**, v. 23, n. 4, p. 263-270, 2012. Disponível em: <http://bvsms.saude.gov.br/bvs/artigos/fenilcetonuria_diagnostico_tratamento.pdf>. Acesso em: 28 abr. 2020.

SILVEIRA, L. R. et al. Regulação do metabolismo de glicose e ácido graxo no músculo esquelético durante exercício físico. **Arquivos Brasileiros de Endocrinologia e Metabologia**, São Paulo, v. 55, n. 5, p. 303-313, jun. 2011. Disponível em: <https://www.scielo.br/pdf/abem/v55n5/a02v55n5.pdf>. Acesso em: 28 abr. 2020.

SILVERTHORN, D. U. **Fisiologia humana**: uma abordagem integrada. Tradução de Adriane Belló Klein et al. 7. ed. Porto Alegre: Artmed, 2017.

TÉO, C. R. P. A. Intolerância à lactose: uma breve revisão para o cuidado nutricional. **Arquivos de Ciências da Saúde da Unipar**, Toledo, v. 6, n. 3, p. 135-140, set./dez. 2002. Disponível em: <https://revistas.unipar.br/index.php/saude/article/view/1190/1051>. Acesso em: 28 abr. 2020.

TIAN, P. et al. Fundamental CRISPR-Cas9 Tools and Current Applications in Microbial Systems. **Synthetic and Systems Biotechnology**, v. 2, n. 3, p. 219-225, Sep. 2017.

WATSON, J. D. et al. **Biologia molecular do Gene**. Tradução de Andréia Escosteguy Vargas, Luciane M. P. Passaglia e Rivo Fischer. 7. ed. Porto Alegre: Artmed, 2015.

WELLER, M. et al. **Química inorgânica**. Tradução de Cristina Maria Pereira dos Santos. 6. ed. Porto Alegre: Bookman, 2017.

WIKIMEDIA COMMONS. **Activação energia cinética enzimática**. 12 Nov. 2007. Disponível em: <https://commons.wikimedia. org/wiki/File:Activacao_energia_cinetica_enzimatica.png>. Acesso em: 28 abr. 2020.

WIKIMEDIA COMMONS. **Mitochondrial electron transport chain-Etc4**. 5 may 2010. Disponível em: <https://commons. wikimedia.org/wiki/File:Mitochondrial_electron_transport_ chain%E2%80%94Etc4-es.svg>. Acesso em: 28 abr. 2020.

VOET, D.; VOET, J. G.; PRATT, C. W. **Fundamentos de bioquímica**: a vida em nível molecular. Tradução de Jaqueline Josi Samá Rodrigues et al. 2. ed. Porto Alegre: Artmed, 2008.

BIBLIOGRAFIA COMENTADA

HARVEY, R. A.; FERRIER, D. R. **Bioquímica ilustrada**. 5. ed. Porto Alegre: Artmed, 2012.

Esse é um livro bastante ilustrado que contém esquemas de todas as vias e processos metabólicos que permitem a compreensão molecular desses processos. Apresenta linguagem mais robusta e traz aplicações e correlações clínicas, além de um conjunto de exercícios para fixação do conteúdo e retomada de conceitos.

LODISH, H. et al. **Biologia celular e molecular**. Tradução de Adriana de Freitas Schuck Bizarro et al. 7. ed. Porto Alegre: Artmed, 2014.

Esse é um livro completo e aprofundado para aqueles que se interessam mais por tecnologia do DNA recombinante e regulação da expressão gênica. Por ser uma obra de biologia celular e molecular, os conceitos básicos, que servem de auxílio ao leitor ingressante na área biológica, são muito bem explicados e ilustrados, facilitando, assim, a compreensão. Assuntos de bioquímica também são abordados de maneira clara, embora não haja aprofundamento sobre eles.

MARZZOCO, A.; TORRES, B. B. **Bioquímica básica**. 3. ed. Rio de Janeiro: Guanabara Koogan, 2011.

Trata-se de livro de linguagem fácil e acessível a todos os níveis de entendimento de bioquímica, recomendado para quem está começando na área. Traz os principais tópicos de bioquímica de maneira direta, com vários esquemas para melhorar a compreensão e exercícios voltados para a fixação do conteúdo.

NELSON, D. L.; COX, M. M. **Princípios de bioquímica de Lehninger**. Tradução de Ana Beatriz Gorini da Veiga et al. 6. ed. Porto Alegre: Artmed, 2014.

Essa é uma obra completa de bioquímica, na qual você encontra a descrição detalhada das estruturas, das vias e dos processos metabólicos dos organismos vivos com correlações médicas e ambientais e aplicações técnicas. Uma vez que possui linguagem técnico-científica, requer, para perfeita compreensão, mais experiência na área. Apesar disso, a riqueza e a qualidade das informações fazem valer o esforço.

PALERMO, J. R. **Bioquímica da nutrição**. 2. ed. São Paulo: Atheneu, 2014.

Embora o título remeta aos profissionais de nutrição, esse livro traz, de forma clara e objetiva, os conceitos bioquímicos e as vias metabólicas. A utilização de uma linguagem direta e o uso de esquemas simples para representar as vias metabólicas são pontos atrativos para aqueles que estão tendo o primeiro contato com a bioquímica.

RESPOSTAS

CAPÍTULO 1

Atividades de autoavaliação

1. d
2. e
3. d
4. c
5. a
6. c
7. c
8. a
9. e
10. b

Atividades de aprendizagem

Questões para reflexão

1. Beatriz apresenta intolerância à lactose porque não conseguiu digerir a lactose em glicose e galactose. Logo, não houve absorção de glicose, visto que os níveis no sangue não foram alterados.

2.

a. W = 70 °C; a proteína desnaturou, razão pela qual não realiza sua função e, portanto, não há bolhas no tubo.

   X = 5 °C; a temperatura é baixa, tal como a atividade enzimática, representada por baixa produção de bolhas.

Y = 20 °C; a temperatura ainda está abaixo do ideal e, embora a atividade da enzima seja maior que em 5 °C, ainda não é o seu máximo.

Z = 37 °C; temperatura ótima para uma enzima do corpo humano, razão pela qual sua atividade é máxima, produzindo grande quantidade de bolhas.

b. O inibidor competitivo concorre com o substrato pelo sítio ativo da enzima, razão pela qual a velocidade máxima da catálise não é alterada, embora demore para ser atingida. O inibidor não competitivo se liga em qualquer região da enzima para inibi-la, podendo se ligar a ela quando ou não ligada ao substrato; dessa forma, a velocidade máxima da catálise é diminuída.

CAPÍTULO 2

Atividades de autoavaliação

1. d

2. b

3. c

4. e

5. a

6. e

7. b

8. a

9. d

10. c

Atividades de aprendizagem

Questões para reflexão

1. O indivíduo A é diabético porque os níveis plasmáticos de glicose se mantêm altos mesmo passadas horas após a ingestão. A insulina tem a função de estimular as células a captar glicose do plasma, que tende a diminuir com o passar do tempo após as refeições.

2. A tiamina (vitamina B1) é precursora da tiamina pirofosfato (TPP), a qual ajuda na conversão de piruvato em acetil-CoA, que participa do ciclo de Krebs. Na carência de tiamina, a produção de energia por carboidratos é comprometida, causando sintomas como cansaço e fadiga.

CAPÍTULO 3

Atividades de autoavaliação

1. e

2. e

3. c

4. b

5. e

6. c

7. d

8. a

Atividades de aprendizagem

Questões para reflexão

1. Sim. Com uma dieta rica em lipídeos, os ácidos graxos serão utilizados como fonte de energia na β-oxidação que ocorre na matriz mitocondrial. Os sintomas da foca ocorrem porque

uma falha na carnitina compromete o transporte dos ácidos graxos para dentro da mitocôndria para a produção de energia.

2. Uma pessoa diabética não consegue utilizar carboidratos como substrato energético, ainda mais em jejum prolongado. Sob a ação do glucagon, os lipídeos são recrutados como fonte de energia e digeridos pela lipase no tecido adiposo, liberando grande quantidade de glicerol e ácidos graxos. Os ácidos graxos gerados são usados para produção de energia pela β-oxidação, o que gera grande quantidade de acetil-CoA, que é utilizada para a produção de corpos cetônicos. Alta concentração de corpos cetônicos reduz o pH sanguíneo, levando a uma acidose metabólica, que afeta o funcionamento das células, e até à morte, se não tratada.

CAPÍTULO 4

Atividades de autoavaliação

1. b

2. b

3. d

4. a

5. c

6. d

7. c

8. a

9. e

10. a

Atividades de aprendizagem

Questões para reflexão

1. Como a fosforilação está comprometida, uma via alternativa é a alanina presente nos músculos. O catabolismo de proteínas disponibiliza alanina no plasma, a qual é capturada pelo fígado que, por sua vez, faz a gliconeogênese, produzindo glicose pela alanina. A glicose é lançada no plasma e capturada pelos músculos em contração muscular para produzir energia com a glicólise, gerando piruvato. O piruvato recebe um grupo amino de um aminoácido muscular e se transforma em alanina para o ciclo glicose-alanina recomeçar.

2. A citrulina é o primeiro intermediário formado no ciclo da ureia – sem a enzima ornitina-transcarbamilase não há essa produção, razão pela qual o carbamoil-fosfato se acumulará e a amônia, usada para a produção de carboil-fosfato, também estará concentrada. O acúmulo de amônio é tóxico e, em grande quantidade, sobrecarrega o fígado, causando falência hepática.

CAPÍTULO 5

Atividades de autoavaliação

1. a

2. a

3. c

4. b

5. b

6. c

7. b

8. d

9. c

10. e

Atividades de aprendizagem

Questões para reflexão

1. A mutação causou uma alteração na sequência de aminoácidos. O códon owriginal UCG codifica o aminoácido serina. A substituição pelo códon UAG coloca um códon de finalização no meio da sequência de aminoácidos dessa proteína, fazendo com que ela seja produzida pela metade, o que implica também perda da função.

2. Sequência de DNA:

TAC CGG CTA ATG GAG CAG TTA AGC AAA GCC ATA TAC GAC CCT TAG ATC

Sequência de RNAm:

AUG GCC GAU UAC CUC GAC AAU UCG UUU CGG UAU AUG CUG GGA AUC UAG

Sequência de aminoácidos:

Metionina – alanina – aspartato – tirosina – leucina – aspartato – asparagina – serina – fenilalanina – arginina – tirosina – metionina – leucina – glicina – isoleucina.

CAPÍTULO 6

Atividades de autoavaliação

1. d

2. d

3. b

4. a

5. b

6. a

7. d

8. c

9. a

10. b

Atividades de aprendizagem

Questões para reflexão

1. Trata-se do *splicing* alternativo, que permite que um mesmo transcrito gere diferentes RNAm, que produzirão diferentes proteínas. Mesmo com um número menor de genes, a capacidade de remover diferentes íntrons de um mesmo transcrito permite traduzir diferentes proteínas.

2. A metilação impede a transcrição de genes que não são interessantes para a célula naquele momento. Como todas as células de um organismo apresentam os mesmos genes, o que diferencia uma da outra são os genes ativos em cada uma delas. Logo, metilações diferentes nas células inibem diferentes genes, fazendo com que as células se diferenciem de acordo com os genes nelas ativos.

‘ SOBRE A AUTORA

Aline Sampaio Cremonesi é graduada em Ciências Biológicas pela Pontifícia Universidade Católica de Campinas (PUC-Campinas), mestre em Biologia Funcional e Molecular, com ênfase em Bioquímica, pela Universidade Estadual de Campinas (Unicamp) e doutora em Biotecnologia pela Universidade de São Paulo (USP). Tem experiência nas áreas de cultura e metabolismo microbiano, engenharia genética, expressão de proteínas em diferentes tipos celulares e análises biofísicas e estruturais de proteínas e peptídeos. Atualmente, é professora com certificação Google for Education em cursos de graduação e pós-graduação na área da saúde. Possui uma linha de pesquisa voltada para o metabolismo de micro-organismos e resistência bacteriana, além de ser membro da equipe científica de empresa de biotecnologia, atuando na área de manipulação genética e solubilidade de proteínas.